LE
CARBURE DE CALCIUM

ET

L'ACÉTYLÈNE

LES FOURS ÉLECTRIQUES

PAR

C. DE PERRODIL
Ingénieur des Arts et Manufactures

PRÉFACE

DE

M. Henri MOISSAN
Membre de l'Institut

PARIS
P. VICQ-DUNOD ET Cie, ÉDITEURS
LIBRAIRES DES PONTS ET CHAUSSÉES, DES MINES ET DES CHEMINS DE FER
49, Quai des Grands-Augustins, 49

1897

LE

CARBURE DE CALCIUM

ET

L'ACÉTYLÈNE

_____

LES FOURS ELECTRIQUES

_____

LE
CARBURE DE CALCIUM

ET

L'ACÉTYLÈNE

LES FOURS ÉLECTRIQUES

PAR

C. DE PERRODIL

Ingénieur des Arts et Manufactures

PRÉFACE

DE

M. Henri MOISSAN

Membre de l'Institut

PARIS

P. VICQ-DUNOD ET Cie, ÉDITEURS

LIBRAIRES DES PONTS ET CHAUSSÉES, DES MINES ET DES CHEMINS DE FER

49, Quai des Grands-Augustins, 49

1897

Droits de traduction et de reproduction réservés.

PRÉFACE

La haute température du four électrique nous a permis d'aborder l'étude d'une nouvelle classe de composés définis et cristallisés : les carbures métalliques. Ces corps peuvent se diviser en deux séries : la première renfermant des carbures décomposables par l'eau à la température ordinaire, et la seconde, des carbures non décomposables dans les mêmes conditions. Ces derniers ont l'aspect métallique et possèdent une grande dureté.

Les carbures destructibles par l'eau, peuvent être transparents, parfois colorés en jaune ou en rouge, et tous possèdent la curieuse propriété de décomposer l'eau froide, plus ou moins rapidement, en fixant l'oxygène de cette eau sur le métal, et en donnant avec l'hydrogène un ou plusieurs hydrocarbures, le plus souvent gazeux.

Parmi ces composés nouveaux, celui qui a fixé le plus l'attention des curieux, est, sans contredit, le carbure de calcium. Ce corps qui, en grandes masses, se présente sous l'aspect d'une pierre noire et dure, se délite avec rapidité en présence de l'eau, et fournit, à froid, un abondant dégagement de gaz acétylène.

Habitués que nous étions à la difficulté de préparation du gaz acétylène, nous devons avouer que notre surprise a été grande, lorsque, le mélange d'oxyde de calcium et de charbon, chauffé au four électrique, nous a donné un carbure fondu et cristallisé qui, au contact de l'eau, produisait du gaz acétylène pur. Nous n'avions pas oublié combien était pénible la préparation de ce carbure d'hydrogène qui, dans les mains de M. Berthelot, a produit des résultats si féconds.

Le carbure de calcium obtenu dans notre four électrique ne fournit du gaz acétylène absolument pur qu'à la condition d'être préparé avec de la chaux de marbre et du charbon de sucre.

Les applications de ces découvertes ne se firent pas attendre, et peut être même l'enthousiasme fut-il un peu exagéré.

Le gaz acétylène, brûlé dans un bec spécial, fournit en effet une flamme très brillante qui possède un grand pouvoir éclairant. Mais pour produire ce résultat d'une façon pratique, un certain nombre de difficultés étaient à vaincre. Parmi celles-ci, se trouvent la forme du bec, la construction de l'appareil générateur d'acétylène et enfin la préparation industrielle du carbure de calcium au four électrique.

Ces différentes questions furent étudiées de tous côtés. Plus de 200 brevets, parait-il, ont été pris, rien que dans notre pays, sur ce sujet.

En France, les recherches de M. Bullier ont porté, tout à la fois, sur la préparation industrielle du carbure de calcium, sur les appareils destinés à produire l'acétylène, et aussi sur les moyens de rendre pratique ce nouveau genre d'éclairage. En Amérique, la fabrication de ce carbure et les applications de l'acétylène ont été surtout étudiées par M. Thomas Wilson.

C'est qu'en effet ces applications ne sont pas aussi simples qu'elles le paraissent tout d'abord ; il ne faut pas oublier que le gaz acétylène est un corps endothermique, c'est-à-dire un corps détonant.

On ne doit donc le manier qu'avec certaines précautions. Il est préférable de ne l'employer que sous des pressions peu élevées ne dépassant pas 12 à 15 atmosphères.

Le moment ne me semble pas encore arrivé ou l'on pourra sans danger utiliser l'acétylène liquéfié et pour ma part je donnerai toujours la préférence aux appareils à faible pression.

Les recherches de MM. Berthelot et Vieille nous démontrent qu'à la pression atmosphérique ou sous une tension de quelques atmosphères, le gaz acétylène peut être manié avec facilité. Dans ces conditions, il n'est pas plus dangereux que le gaz d'éclairage.

Du reste il ne faut pas oublier que nous sommes encore dans la période d'essais et qu'il est à désirer que ces essais soient aussi nombreux que possible.

Tous ces appareils producteurs d'acétylène sont nouveaux, il faut les voir à l'œuvre.

Par exemple, bien des tentatives ont été faites dans ces derniers temps pour obtenir une lampe portative à acétylène.

Elles ne semblent pas encore complètement couronnées de succès. Les appareils inventés jusqu'ici peuvent se diviser en deux groupes. Dans le premier, l'eau tombe goutte à goutte sur un excès de carbure de calcium. On espère limiter par le volume d'eau introduit, la production du gaz acétylène.

On a oublié dans ces conditions que, si une petite quantité d'eau se trouve au contact d'un excès de carbure de calcium, la température s'élève, l'acétylène se polymérise, et l'on obtient ainsi un mélange gazeux riche en benzine et autres polymères dont le pouvoir éclairant s'affaiblit et varie à chaque instant.

Autant vaudrait, en vérité, s'éclairer avec la vapeur de benzine. Ces expériences défectueuses expliquent les chiffres contradictoires obtenus par différents observateurs.

Dans le deuxième groupe d'appareils, le carbure de calcium se trouve, à un moment donné, en présence d'un excès d'eau. Si le carbure est de bonne qualité le dégagement est régulier, et le gaz acétylène est bien suffisamment pur, pour être employé de suite à l'éclairage. La température ne s'est pas élevée, il n'y a pas de polymérisation, mais ici une nouvelle difficulté se présente. Si le dégagement est rapide, abondant, et si l'appareil est d'un petit volume, on ne sait bientôt plus que faire du gaz acétylène produit..

Nous ne devons pas oublier que cet acétylène, tout comme le gaz d'éclairage, produit avec l'air un mélange détonant.

L'appareil idéal, mais qui, je crois, n'existe pas encore, consisterait en un gazomètre, contenant un excès d'eau, dans lequel un fragment de carbure d'un poids déterminé, tomberait automatiquement au moment voulu. Le poids de ce fragment de carbure devrait être tel, qu'il puisse emplir d'acétylène, le gazomètre, sans produire un excès de gaz. De plus, le fragment de carbure de calcium ne devrait tomber automatiquement dans l'eau, qu'au moment où le gazomètre serait à peu près vide.

Je dois reconnaître que cet appareil est actuellement assez difficile à réaliser. Il faut éviter l'action de la vapeur d'eau sur le carbure, dessécher au moins partiellement le gaz produit, éviter la solubilité de l'acétylène dans l'eau, etc., etc.

Quoi qu'il en soit, de nombreux essais ont été entrepris de tous côtés, et le carbure de cal-

cium nous parait devoir donner lieu à d'intéressantes applications.

Ce sont ces nouvelles études que M. de Per-
rodil a réunies très consciencieusement dans
cet ouvrage. Il est venu me demander de présenter ce nouveau livre au public. Je le fais avec
plaisir, heureux de voir une découverte de laboratoire entrer aussi rapidement dans le domaine industriel et fournir de suite de nouvelles applications.

HENRI MOISSAN

Paris 14 décembre 1896.

CHAPITRE PREMIER

HISTORIQUE DU CARBURE DE CALCIUM ET DE L'ACÉTYLÈNE.

En 1836 (1), Edmond Davy cherchant à produire le potassium métallique par la dissolution du carbonate de potassium en présence du charbon à une très haute température, remarqua la formation de petites quantités d'un sous-produit noirâtre qui n'était pas du potassium, mais un composé complexe renfermant du potassium et du charbon. Il reconnut que ce produit avait une très grande affinité pour l'oxygène, et qu'en présence de l'eau, il se décomposait en donnant un gaz qu'il regarda comme un nouveau carbure d'hydrogène.

En 1862, M. Berthelot (2), à propos de ses belles synthèses des composés organiques, fut amené à reprendre l'étude du même carbure auquel il donna le nom d'acétylène. Sa composition C^2H^2 était relativement à l'acétyle C^2H^3 de Berzélius, la même que celle de l'éthylène C^2H^4, vis-à-vis de l'éthyle C^2H^5; c'est pourquoi il donna à ce gaz le nom d'acétylène.

(1) *Annalen der Chemie und Pharmacie*, 1836, tome XXIII, p. 144.

(2) *Annales de Chimie et de Physique*, 1862, tome XXIII, p. 144.

M. Berthelot, en faisant passer un courant d'acétylène sur du sodium chauffé, a obtenu le premier le
carbure de sodium défini, décomposable par l'eau.

Vers la même époque, dans l'année 1862, le chimiste allemand Woehler (1), obtint un carbure de
calcium amorphe et impur, en fondant dans un
creuset, à une température élevée, un alliage de calcium et de zinc en présence du charbon en vue de
la préparation du métal calcium. Il obtint ainsi un
composé qui, en présence de l'eau, dégageait une
certaine quantité de gaz contenant de l'acétylène ;
mais il n'en a donné ni la formule, ni la densité.

Ce n'est ensuite qu'après un long intervalle de
temps qu'apparaissent de nouveaux travaux sur
la préparation des carbures alcalino-terreux et de
l'acétylène.

Le 17 octobre 1892 (2), M. L. Maquenne a obtenu
du carbure de baryum impur, répondant à la formule BaC^2 en chauffant dans une bouteille en fer
placée dans un four Perrot un mélange de carbonate de baryte, de magnésium en poudre et de charbon de bois, (V. ch. IV, la préparation des carbures).

Il constata une réaction qu'il a expliqué par l'é-
quation :

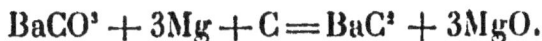

$$BaCO^3 + 3Mg + C = BaC^2 + 3MgO.$$

La masse refroidie présentait un aspect amorphe,
gris noirâtre. Cent grammes de ce composé déga-

_____

(1) *Annalen der Chemie und Pharmacie*, tome CXXIV,
p. 220.

(2) *Comptes-rendus de l'Académie des Sciences*, p. 558, tome
115.

geaient environ cinq litres d'acétylène mélangés à 6 et 7 o/o d'hydrogène libre.

Le 6 février 1893, M. Travers a publié le procédé de préparation suivant (1).

Il mélangeait du chlorure de calcium, du charbon en poudre et du sodium métallique, le tout chauffé ensemble pendant une demi-heure, lui fournissait, après refroidissement, une masse d'aspect gris noir contenant environ 16 o/o de carbure de calcium, du carbone libre, du chlorure et du cyanure de sodium, et dégageant de faibles quantités d'acétylène.

M. Travers (2) a appliqué sa préparation à l'étude des acétylures de mercure dont il a donné une bonne préparation.

L'acétylène n'a enfin pu être obtenu pratiquement qu'après les remarquables travaux de M. Moissan, sur lesquels je vais donner quelques détails.

Le 12 décembre 1892 (3), M. Moissan publiait les

(1) *Proceedings of chemical Society.*

(2) Metallic of acetylene mercuric, by R. T. Plimpton and M. W. Travers, *Journal of the chemical Society*, 1894, V. t. XV, p. 264.

(3) *C. R. de l'Académie des Sciences*, p. 6, t. 112. « Dès que la température dans le four est voisine de 2500°, la chaux, la strontiane, la magnésie, cristallisent en quelques minutes. Si la température atteint 3000°, la matière même du four, la chaux vive, fond et coule comme de l'eau.

A cette même température, le carbone réduit avec rapidité l'oxyde de calcium, et le métal se dégage en abondance, il s'unit avec facilité au charbon des électrodes pour former *un carbure de calcium* liquide au rouge qu'il est facile de recueillir. Le sesquioxyde de chrome, l'oxyde magnétique de fer, sont fondus rapidement à 2250°. Le sesquioxyde d'uranium chauffé seul est ramené à l'état de protoxyde noir cristallisé en longs prismes. »

premières expériences faites avec son four électrique.

Dès cette époque, il indiquait comme possible la
réduction de tous les oxydes qui jusque là avaient
été réfractaires, ceux d'uranium, de manganèse, de
chrome, etc., et il mentionnait la formation *d'un
carbure de calcium non défini* par l'action des vapeurs de calcium sur les électrodes de charbon.

M. Moissan a poursuivi ses recherches et le
5 mars 1894, après le dépôt du brevet de son
collaborateur, M. L. Bullier, sur la préparation industrielle du carbure de calcium, il donnait à
l'Académie des Sciences (1) les résultats de ses nouvelles études.

Je les reproduis *in extenso :*

Préparation au four électrique d'un carbure de calcium cristallisé. Propriétés de ce nouveau corps.

On fait un mélange intime de 120 gr. de chaux
de marbre et de 70 gr. de charbon de sucre. On
place une partie de ce mélange dans le creuset du
four électrique et l'on chauffe pendant 15 à 20 minutes avec un courant de 350 ampères et de 70
volts ; on obtient dans ces conditions un carbure
ou acétylure répondant à la formule CaC^2 d'après
l'équation suivante :

$$CaO + C^3 = CaC^2 + CO$$

On laisse à dessein la chaux en léger excès, puis-

(1) *Comptes rendus de l'Académie des Sciences*, 5 mars 1894,
t. 115, p. 1031.

que le creuset fournit la quantité de charbon nécessaire à un carbure défini. Le rendement est de
120 gr. à 150 gr. environ.

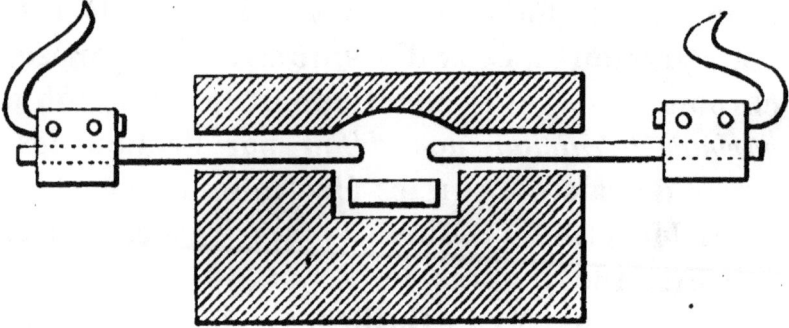

Fig. 1.

Le carbonate de chaux peut être substitué à la
chaux dans ce mélange, mais ce procédé est moins
avantageux à cause du plus grand volume des
substances employées. La formule suivante indique dans ce cas les proportions de carbonate de
calcium et de charbon.

$$CO^3Ca + 4C = C^2Ca + 3CO$$

Le produit obtenu dans les deux expériences
présente le même aspect. C'est une masse noire,
homogène, qui a été fondue et qui a pris exactement la forme du creuset.

Propriétés physiques. — Cette masse de carbure
se clive avec une très grande facilité et présente
une cassure nettement cristalline. Les cristaux qui
peuvent être détachés ont un aspect mordoré, sont
opaques, brillants. Leur densité, prise dans la benzine à la température de 18°, est de 2,22 ; ce carbure
est insoluble dans tous les réactifs, dans le sulfure
de carbone, dans le pétrole et dans la benzine.

Propriétés chimiques. — L'hydrogène n'agit pas à chaud ou à froid sur le carbure de calcium.

Le chlore sec est sans action à froid.

A la température de 245°, le carbure devient incandescent dans une atmosphère de chlore, il se produit du chlorure de calcium et il reste du charbon, mais le poids de ce corps simple est inférieur au poids du carbone de l'acétylène. Le brome réagit à 350°, et la vapeur d'iode décompose aussi ce carbure avec incandescence à 305°.

Le carbure de calcium brûle dans l'oxygène au rouge sombre en fournissant du carbonate de calcium. Dans la vapeur de soufre, l'incandescence se produit vers 500° avec formation de sulfure de calcium et de sulfure de carbone.

L'azote pur et sec ne réagit pas même à 1200°. La vapeur de phosphore au rouge transforme le carbure de calcium en phosphure sans incandescence. La vapeur d'arsenic, au contraire, réagit avec un grand dégagement de chaleur en produisant de l'arséniure de calcium. Au rouge blanc, le silicium et le bore sont sans action sur ce composé.

Le carbure de calcium ne réagit pas sur la plupart des métaux. Il n'est pas décomposé par le sodium et le magnésium à la température de ramollissement du verre. Avec le fer, il n'y a pas d'action au rouge sombre, mais à haute température, il se forme un alliage carburé de fer et de calcium. L'étain ne paraît pas avoir d'action au rouge, tandis que l'antimoine fournit à la même température un alliage cristallin renfermant du calcium.

L'action la plus curieuse présentée par ce carbure de calcium est celle qu'il fournit avec l'eau. Dans une éprouvette remplie de mercure, on fait passer un fragment de ce carbure, puis on ajoute quelques centimètres cubes d'eau ; il se produit aussitôt un violent dégagement de gaz qui ne s'arrête que lorsque tout le carbure est décomposé, enfin il reste dans le liquide de la chaux en suspension.

Ce corps gazeux est de l'acétylène pur.

En effet, l'analyse eudiométrique donne :

Gaz analysé. . .	1,28
Oxygène	15,15
Gaz total	16,43
Ap. étincelle. . .	14,50
Ap. potasse . . .	11,98
Contraction . . .	1,93
CO² par différence.	2,52

Si le gaz était de l'acétylène C²H², nous aurions théoriquement 1,95 comme contraction et 2,56 comme volume de l'acide carbonique.

Une autre analyse eudiométrique a donné un résultat identique. Cette preuve était bien suffisante pour établir la pureté du gaz obtenu ; nous avons tenu cependant à déterminer la densité de ce carbure gazeux.

Deux expériences nous ont fourni les chiffres 0,907 et 0,912. M. Berthelot a indiqué comme densité de l'acétylène 0,92 et la densité théorique est 0,90.

Le gaz acétylène obtenu est de plus entièrement absorbable par le sous-chlorure de cuivre ammoniacal en ne laissant dans le haut du tube qu'un onglet presque imperceptible d'impuretés. Cette décomposition par l'eau se produit avec dégagement de chaleur, mais sans aller jusqu'à l'incandescence.

$$C^2Ca + H^2O = C^2H^2 + CaO$$

Cette réaction interviendra dans nos recherches aussitôt que le carbure se trouvera au contact d'un liquide renfermant de l'eau.

Ce carbure ou acétylure de calcium nous fournit donc un moyen facile de préparation de l'acétylène pur. Il vient s'ajouter aux procédés déjà indiqués par M. Berthelot dans l'étude magistrale qu'il a publiée sur ce composé.

Si l'on fait réagir la vapeur d'eau au rouge sombre sur le carbure de calcium, la réaction se produit avec une énergie beaucoup plus faible. Le carbure ne tarde pas à se recouvrir, en effet, d'une couche de charbon et de carbonate qui limite l'action de la vapeur d'eau, et le dégagement gazeux, formé en grande partie d'hydrogène et d'acétylène, est beaucoup moins rapide.

Les acides réagiront sur ce carbure surtout lorsqu'ils seront étendus. Avec l'acide sulfurique fumant, il se produit un dégagement assez lent, et le gaz paraît s'absorber en grande partie. L'acide ordinaire produit une décomposition beaucoup plus vive, et prend une odeur aldéhydique marquée.

Avec l'acide azotique fumant, il n'y a pas de réaction à froid, et l'attaque est à peine sensible à l'ébullition. L'acide azotique très étendu fournit de l'acétylène.

Une solution étendue d'acide iodhydrique, fournit aussi un dégagement d'acétylène pur. Il en est de même avec une solution d'acide chlorhydrique. Chauffé au contraire avec le gaz acide chlorhydrique il se produit au rouge vif une incandescence marquée, et il se dégage un mélange gazeux très riche en hydrogène.

Certains oxydants agissent avec une grande énergie sur ce composé. L'acide chromique fondu devient incandescent au contact du carbure de calcium en dégageant de l'acide carbonique. La solution d'acide chromique ne dégage du carbure que de l'acétylène. Le chlorate de potassium et l'azotate de potassium en fusion, n'attaquent pas sensiblement le carbure de calcium. Il faut les porter au rouge pour que la décomposition se produise avec incandescence et formation de carbonate de calcium.

Le bioxyde de plomb, l'oxyde avec incandescence au-dessous du rouge sombre et le métal provenant de la réduction renferme du calcium.

Broyé avec du fluorure de plomb, à la température ordinaire, le carbure de calcium devient incandescent.

Chauffé en tube scellé avec l'alcool anhydre à 180°, le carbure de calcium fournit de l'acétylène et de l'éthylate de calcium

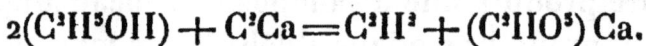

$$2(C^2H^5OH) + C^2Ca = C^2H^2 + (C^2HO^5) Ca.$$

Le gaz acétylène obtenu dans cette réaction est complètement absorbable par le sous-chlorure de cuivre ammoniacal, mais il fournit un acétylure noir qui semble indiquer l'existence des carbures acétyléniques.

Dans un flacon contenant de l'eau froide, bien saturée de chlore, on laisse tomber quelques fragments de carbure de calcium. Il se dégage aussitôt des bulles d'acétylène qui prennent feu au contact du chlore en même temps qu'on perçoit nettement l'odeur des chlorures de carbone.

Voici quels sont les chiffres de dosage du carbone et du calcium dans le composé cristallisé, que nous venons de décrire :

	1	2	3	4	Théorie
Calcium	62,7	62,1	61,7	62	62,5
Carbone	37,3	37,8	»	»	37,5

En résumé, aussitôt que la température est assez élevée, le calcium métallique ou ses composés forment avec facilité, au contact du carbone, un carbure ou acétylure de formule C^2Ca.

Ceci présente un intérêt géologique très marqué ; il est vraisemblable que dans les premières périodes géologiques, le carbone du règne végétal et animal a existé sous forme de carbures.

La grande quantité de calcium répandue à la surface du sol, sa diffusion dans tous les terrains de formation récente ou ancienne, la facilité de décomposition de son carbure dans l'eau peuvent laisser croire qu'il a joué un rôle dans cette immobilisation du carbone sous forme de composé métallique.

Telle est la première publication sur le carbure de calcium pur, cristallisé, analysé et par conséquent défini.

M. Bullier, qui avait aidé M. Moissan dans ses
recherches scientifiques, a entrepris dès lors, comme
je l'ai dit plus haut, l'étude industrielle de ce nouveau composé. M. Bullier a vu le premier, dans
cette préparation, l'application de l'éclairage par
le gaz acétylène, qui à l'heure actuelle révolu-
tionne l'Europe entière. Son brevet en fait foi. La
préparation du carbure de calcium et les applications que l'on en peut déduire sont indiquées dans
son brevet français déposé le 9 février 1894.

En même temps que se poursuivaient ces recherches en France, un ingénieur américain, M. Th. L.
Willson, de la Caroline du Nord, prenait un brevet
sur la réduction de l'alumine et de la magnésie par
le charbon, et dans son brevet il parle (21 février 1893)
incidemment du carbure de calcium et du titane
métallique mais sans citer aucune analyse, aucune
réaction, sans même écrire le mot d'acétylène.
Comme il s'est produit quelque confusion au point
de vue de l'historique de la question, je me permet-
trai de mettre en relief encore une fois les textes et je
donne *in extenso* le brevet américain de M. Wilson.

Office des patentes des Etats-Unis.
Thomas L. Willson de Leaksville,
Caroline du Nord.

*Réduction par l'électricité des composés métalliques
réfractaires.*

Exposé des lettres patentes, n° 492.377, en date
du 21 février 1893 (1).

(1) Remarquons qu'en 1892, M. Moissan avait parlé d'un
carbure de calcium fondu. Se reporter à la note des C.R. de
1892, publiée plus haut.

2

A tous ceux qui peuvent s'intéresser à la question :

Qu'il soit connu que moi, Thomas L. Willson, citoyen des Etats-Unis, résidant à Leaksville dans le pays de Rockingham et l'Etat de la Caroline du Nord, ai inventé certaines améliorations nouvelles et pratiques relatives à la réduction par l'électricité des *composés métalliques* réfractaires, qui sont spécifiées dans ce qui suit.

Cette invention est relative à la séparation de l'aluminium et *d'autres métaux* difficilement réductibles, de minerais ou de composés réfractaires au moyen du four électrique. La réduction métallurgique à l'aide de la chaleur engendrée par l'électricité a été jadis obtenue par deux voies différentes, savoir, par un four à incandescence chauffé par le passage d'un courant électrique à travers une masse de charbon concassé, la chaleur étant engendrée par la résistance que présente ce conducteur au passage du courant électrique, ou bien par un four à arc dans lequel la chaleur est engendrée par le passage d'un courant électrique sous forme d'arc entre deux électrodes séparées.

Dans le premier fourneau, ou fourneau à incandescence, le courant passe horizontalement entre deux barres ou électrodes de charbon, l'espace compris entre eux étant rempli par un mélange de charbon concassé et du minerai à réduire et avec une base métal, comme le cuivre.

De tels fourneaux ont un inconvénient en pratique. Dès que la base du métal entre en fusion, il se forme un lac ou bain s'étendant entre les électrodes qui sert de court-circuit autour de la masse destinée à la réduction, ce qui nécessite une continuelle mobilisation des électrodes destinée à maintenir l'indispensable résistance dans le fourneau.

Cette difficulté est en grande partie surmontée par l'emploi d'un fourneau à arc dans lequel le courant passe verticalement entre les deux électrodes, l'une consistant en un creuset ou âme de charbon en graphite, et l'autre en une barre ou un crayon de charbon placé au dessus, et entrant dans la cavité du creuset, ou de l'âtre. Le crayon étant amené au contact du creuset ou d'un corps intermédiaire conducteur, est éloigné du contact afin de produire un arc, et la chaleur que celui-ci développe produit la réduction de la matière placée dans le creuset.

Comme la réduction dans un four à arc a été fabriquée antérieurement à mon invention, l'alumine ou tout autre minerai *réfractaire entre en fusion* par la chaleur de l'arc et recouvre le fond du creuset d'un *lac ou bain liquide.* Dans la fabrication des bronzes ou autres alliages, le métal base forme un lac dans le fond du creuset, et l'alumine liquide ou tout autre minerai liquéfié forme une couche superposée à la première. Le crayon de charbon est élevé au dessus du bain d'alumine pour maintenir l'incandescence de l'arc. Si un agent réducteur se trouve dans le four, soit par l'introduction dans le four d'une atmosphère réductrice, soit par l'utilisation comme réducteur du charbon du crayon, la réduction de l'alumine ou de tout autre composé métallique est effectuée par l'action combinée de l'arc électrique et de l'agent réducteur, si une base-métal se trouve là, elle se combine avec le métal réduit en formant un alliage.

Dans le maniement d'un semblable four électrique, il y a de grandes difficultés pratiques du fait *des fluctuations subites et considérables dans la résistance du four, lesquelles tiennent à l'ébullition du bain de fusion* (1).

L'alumine en fusion ou tout autre minerai ou composé métallique étant un meilleur conducteur électrique que le milieu gazeux de l'arc, doit être éloigné du contact avec le crayon de charbon pour maintenir ce dernier. Par l'ébullition de ce bain, l'alumine liquide ou tout autre minerai, *éclabousse, jaillit, écume*, et remonte ainsi fréquemment et à des intervalles irréguliers au contact du crayon de charbon, de ce fait *formant un court-circuit autour de l'arc et diminuant la résistance dans le four* (2).

En pratique, il est avéré que cette projection de l'alumine produit un court-circuit d'une résistance si faible que *le travail de la dynamo génératrice du courant est sérieusement troublé* (3).

Toutes les fois qu'un pareil court-circuit est pro-

(1) Remarquons ici que M. Willson va chercher à éviter le bain de fusion. Nous le verrons plus loin dans son brevet allemand de 1895, après le brevet de M. Bullier, pris en 1894, insister sur l'utilité du bain de fusion, qui est justement le grand point des découvertes de 1894, de M. Moissan et de M. Bullier.

(2) Nous trouvons énumérées *toutes* les difficultés qu'entraîne avec lui le bain de fusion.

(3) Ceci est donc la condamnation absolue du bain de fusion.

duit, la quantité du courant électrique est accrue en proportion de l'abaissement de résistance, ce qui nécessite de la part de la dynamo un énorme accroissement de travail, dont l'effet pratique est de tendre à arrêter instantanément la rotation, exposant la dynamo et la force motrice qui la mène, aussi bien que la courroie ou tout autre intermédiaire par lequel la force est transmise, à un choc rude ; ces chocs se succèdent les uns aux autres, à intervalles si rapides et irréguliers qu'ils deviennent très funestes et produisent *grand dommage à toute la machinerie* (1). Il y a grande chance pour que l'armature de la dynamo soit brûlée du fait de l'intensité excessive du courant, même dans le cas de dynamos dont les armatures sont construites pour supporter des courants d'un voltage extraordinaire, tels que ceux que l'on emploie en électro-métallurgie. La production de ce court-circuit d'arc est due en partie à la projection du cuivre ou autre métal-base à travers le bain d'alumine ou autre minerai, quand, comme dans la fabrication du bronze d'aluminium, un pareil métal-base se trouve dans le four, mais on rencontre la même difficulté, et au même ou presque au même degré, quand il n'y a aucun métal-base dans le four et quand par conséquent le seul bain liquide est celui d'alumine ou de tout autre minerai en traitement.

L'objet de mon invention est de surmonter les difficultés pratiques provenant dans le four d'un bain en fusion du minerai ou composé en traitement (2).

_____

(1) C'est bien clair maintenant. Tout le fond du brevet va consister à empêcher le bain de fusion.
(2) M. Willson, on le remarquera, insiste vivement sur ce point.

Dans le cours de nombreuses expériences que j'ai faites, et dans l'emploi d'agents réducteurs variés, j'ai découvert que le charbon pulvérisé, quand il est mêlé avec l'aluminium ou autre composé métallique à réduire, et dans une proportion convenable, a le pouvoir d'empêcher que le composé métallique fondu forme un bain.

Mon invention actuelle consiste donc en une amélioration de la fusion par l'électricité dans un arc ou un four vertical, dans lesquels on soumet l'alumine ou tout autre composé métallique réfractaire à la chaleur continue d'un arc électrique. Ces composés étant mêlés à du charbon pulvérisé, en proportion suffisante pour prévenir la *formation d'un bain des substances en fusion*.

Les grandes fluctuations de la résistance de l'arc dues à l'ébullition de ce bain sont en conséquence évitées, et la résistance de l'arc est rendue tellement uniforme que la fusion électrique devient une opération pratique avec les moyens dont nous disposons actuellement pour produire les courants électriques de haute intensité nécessaires.

Les fluctuations qui surviennent sont si faibles et si progressives, que la machinerie n'est sujette à aucune détérioration. Le procédé de fusion est ainsi rendu plus économique, parce qu'il est conduit plus régulièrement et progressivement, il est sujet à moins d'interruption, par abaissement de vitesse de la dynamo, comme cela résulte de la production d'un court-circuit, et conséquemment la fusion est produite par le maximum du courant que la dynamo peut engendrer sous la résistance du four.

Dans l'application de ma présente invention, j'emploie de préférence un four électrique repré-

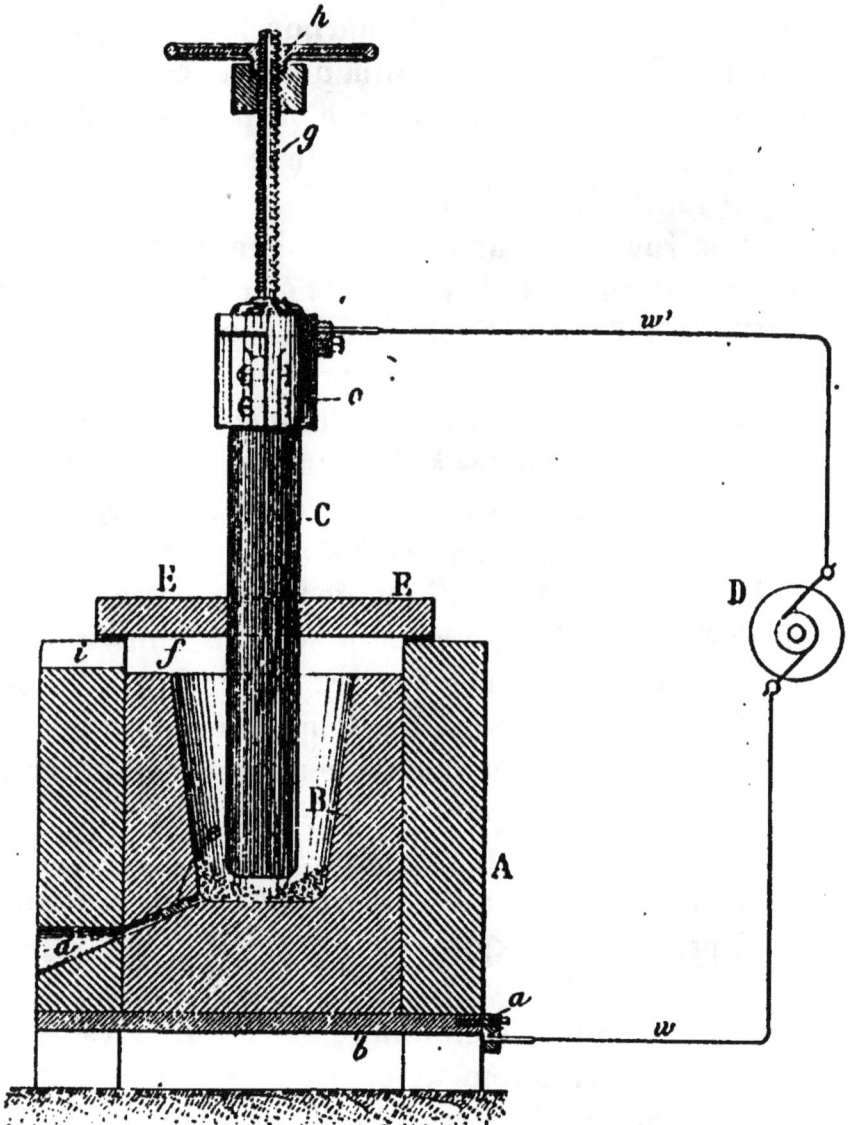

Fig. 2.

senté sur la figure ci-contre, qui montre le four en section verticale, le circuit électrique et la dynamo étant représentés en diagrammes.

En se reportant à la figure 2, A désigne la maçonnerie, B le charbon ou graphite du four, C le crayon
de charbon constituant l'électrode mobile et D la
dynamo génératrice du courant.

Suivent de longues explications sur le moyen
d'éviter le court-circuit, etc.

La réduction s'opère alors, soit graduellement,
soit violemment, par une série d'explosions suivant
la nature des matériaux introduits.

Il ne se produit pas de bain de fusion (1) et, par
conséquent, pas d'ébullition dans le creuset. La
présence du carbone pulvérisé semble avoir pour
effet de maintenir la division de l'alumine jusqu'à
ce qu'elle soit fondue, et peut-être à une certaine
absorption, l'alumine étant ainsi tenue en suspension par le charbon jusqu'à ce que la chaleur intense
de l'arc ait effectué la séparation de son oxygène
qui est enlevé par le carbone, formant du monoxyde
ou du bioxyde de carbone qui s'échappe du four,
laissant l'aluminium en liberté. Par l'interruption
de la réaction, pendant que la réduction est à son
apogée et par le refroidissement brusque du four,
on ne trouve pas de culot d'aluminium solidifié,
comme cela se verrait s'il y avait eu un bain liquide,
mais, au contraire, les matériaux apparaissent dans
le même état qu'avant leur introduction dans le
four, c'est-à-dire sous la forme d'une alumine en
poudre ou en grains, mélangée ou imprégnée de
charbon, et ordinairement non aggloméré par la
chaleur. Dans la réduction de l'aluminium, par ce

(1) M. Willson revient à nouveau sur la suppression de tout
bain liquide.

procédé, l'aluminium libre dans le four doit être recueilli d'une façon particulière, avant d'arriver au contact de l'air qui l'oxyderait.

Les façons spéciales de recueillir l'aluminium ne constituent pas la partie essentielle de mon invention présente, mais il y a deux méthodes que je crois capables d'atteindre ce but. De celles-ci, la première consiste à introduire un métal-base dans le four pour qu'il s'allie instantanément avec l'aluminium naissant encoré libre, ce qui est la méthode communément employée jusqu'ici. *La seconde méthode consiste à avoir un excès de charbon dans le creuset suffisant pour se combiner avec l'aluminium naissant, formant un carbure d'aluminium, duquel le métal sera ultérieurement extrait (1).*

La suppression du bain de fusion (2), *et de l'ébullition qui en est la conséquence* ne peut être atteinte que si le charbon mélangé au minerai du composé à traiter est en quantité *suffisante*. La proportion requise varie avec les conditions du minerai et du charbon, variant avec leur division et le degré d'intensité de leur mélange.

Quand l'aluminium est employé sous la forme d'une fine poussière, et que le charbon est mélangé intimement avec elle, j'ai trouvé qu'une proportion de charbon égale en poids à 15 o/o du mélange, est suffisante pour empêcher la formation du bain.

(1) Or on sait qu'il est impossible, en effet, d'obtenir la fusion avec un excès de charbon.

(2) Je prie le lecteur de constater la forme employée par M. Willson dans son brevet. Qu'est-ce que cela veut dire ? Et que revendique-t-il là dedans ?

Si les matériaux sont plus grossièrement divisés et moins intimement mélangés, la proportion de charbon doit être plus considérable. Je préfère employer l'alumine ou un autre minerai du composé imprégné de goudron ou d'un autre hydrocarbure lourd. Cette alumine mélangée de goudron est réclamée à mon profit dans la patente du 20 avril 1892, n° 429 923.

La méthode de mélanger le charbon avec les substances à réduire n'est pas essentielle dans mon invention présente, cela seul n'est essentiel que pendant que les substances en traitement sont soumises à la chaleur intime de l'arc électrique, du charbon leur est mêlé en proportion suffisante.

Ainsi, le mélange des deux corps peut être introduit primitivement dans l'arc.

J'ai trouvé que si on introduit d'abord l'alumine et si on la fait entrer en fusion dans le four, de façon à produire des fluctuations importantes dans la résistance du four, *l'introduction dans le creuset de la proportion requise de charbon divisé* supprime instantanément l'ébullition et rend la résistance du four constante. Dans ce cas, le charbon est mélangé avec l'alumine à cause du grand mouvement de cette dernière, due à son ébullition, la suppression de l'ébullition survenant sans doute immédiatement après le mélange du charbon avec l'alumine.

En mettant en pratique mon procédé pour la fabrication du bronze d'aluminium, je trouve qu'il est préférable, après avoir chauffé d'abord le four, d'introduire le cuivre qui fond instantanément et forme un lac de métal-base liquéfié dans le fond

du creuset, et ensuite d'introduire l'alumine imprégnée de goudron, ou le mélange de poudre d'alumine et de charbon, en élevant le crayon de charbon
suffisamment pour maintenir l'arc. Le cuivre, l'alumine et le charbon sont de préférence introduits en
petites quantités ou charges, et à de fréquents intervalles, et de préférence en alternant. Quand la réduction se fait, le bain de cuivre qui est au fond du
creuset est transformé en bronze d'aluminium, dont
la quantité augmente graduellement jusqu'à ce
qu'après plusieurs heures il est extrait du creuset,
sans refroidir le four, et on recommence l'opération
après cette interruption momentanée.

Le bain de bronze d'aluminium liquide n'est pas
exposé à une ébullition importante parce qu'il n'est
chauffé que par dessus, de sorte que les vapeurs produites ne le traversent pas. Le courant qui le traverse
ne produit pas de chaleur puisque le *métal fondu est
un excellent conducteur. C'est seulement dans le cas
d'une couche superposée de minerai fondu qu'une difficulté survient* du fait de la formation d'un court-
circuit, puisque ce minerai étant un mauvais conducteur, il est chauffé par le passage du courant à
travers lui, aussi bien que par la chaleur de l'arc
qui est situé immédiatement au-dessus de lui et qui
se trouve porté à l'ébullition.

Mais, grâce à mon invention, l'ébullition du minerai fondu est complètement évitée, *puisque quoique
fondu, il ne forme pas de bain, mais forme avec le
charbon interposé une masse tranquille, flottant à la
surface du bain de bronze fondu.*

Dans la mise en pratique de mon invention, le

pôle positif de la dynamo peut être mis en communication avec le creuset B, et le négatif avec le
charbon C ; le courant passant de bas en haut ; on
peut aussi adopter la disposition contraire. Je préfère le courant ascendant, parce que je trouve qu'il
expose beaucoup moins à la détérioration des électrodes BC par l'oxydation. Le creuset B est si complètement protégé par la présence des matériaux
qui le remplissent, qu'il ne peut être que très légèrement oxydé et en faisant du crayon C l'électrode
négative, il est beaucoup moins exposé à s'abîmer
que s'il était positif. De plus, la présence de charbon interposé qui sert d'agent réducteur évite
presque complètement l'oxydation des électrodes,
puisque l'oxygène qui se sépare de l'alumine est
instantanément pris par le charbon interposé qui
est plus près des points d'où se dégage l'oxygène,
que ne le sont les surfaces des électrodes, et en
conséquence, l'oxygène passe presque entièrement
à l'état d'oxyde de carbone ou d'acide carbonique,
avant d'arriver au contact des électrodes.

Mon invention présente n'est pas applicable aux
fours à incandescence, c'est-à-dire à ceux dans lesquels la chaleur est produite par le passage d'un
courant à travers une matière de résistance iné-
gale, telle que du charbon de cornue, et je spécifie
que je refuse son application à ces fours. Mon invention est applicable seulement lorsque la chaleur est produite par l'arc électrique. Les conditions
essentielles pour le maintien d'un tel arc dans un
four électrique sont bien comprises dans la science.
L'arc est causé par la séparation des électrodes

qui produit une interruption du circuit, et pour
maintenir l'arc, au moins l'une des électrodes, doit
être éloignée du contact de toute substance conductrice quelconque de faible résistance et qui
donnerait lieu à la production d'un court-circuit
suffisant pour éteindre cet arc. Dans certains cas,
l'arc est formé et maintenu fermé au-dessus de la
matière en traitement, ou au moins fermé au-dessus
de cette portion de la matière directement en traitement.

Le meilleur moyen pour produire un arc est
celui que j'ai décrit, dans lequel le courant passe
verticalement dans un four, le creuset formant une
électrode, et un crayon de charbon entrant dans sa
concavité constituant l'autre électrode. D'autres dispositions, cependant, sont possibles, quoique inférieures. Par exemple, deux crayons de charbon
peuvent être adaptés aux extrémités respectives du
circuit et pénétrer dans le creuset, ou disposés juste
au-dessus d'un foyer (qui peut être non conducteur), et séparés pour former un arc entre eux,
lequel arc jaillit au contact des corps en traitement,
ou bien encore ils peuvent être ainsi arrangés que
l'arc passe de l'un des crayons dans les substances
à réduire et de là, dans l'autre crayon formant ainsi
un double arc.

J'ai appliqué mon invention à la *réduction* (1)
d'autres métaux que l'aluminium. *Je la crois* (2)
applicable à la réduction des métaux suivants :

(1) On voit bien que M. Willson spécifie la réduction
d'autres métaux et non une fabrication d'un nouveau corps.
(2) Il *la croit* seulement, il *n'en est pas sûr.*

baryum, calcium, manganèse, strontium, magnésium, titane, tungstène et zirconium.

Dans la fabrication des bronzes, *je me propose*(1) de l'appliquer à la préparation de bronzes contenant du silicium et du bore.

Mon invention est applicable à d'autres réactions chimiques que celles qui sont désignées sous le nom de « réduction » (2), employé seulement dans son sens métallurgique ; par exemple, je propose de l'appliquer au traitement des composés des minerais métalliques réfractaires, sans que ce soit nécessairement pour la production des métaux eux-mêmes, mais pour la production d'autres composés.

Par exemple, je l'ai déjà employé pour la réduction de la chaux et la production du carbure de calcium (3).

Je revendique comme mon invention les nouvelles choses suivantes spécifiées en substance précédemment, savoir :

1° Le procédé de décomposition des composés réfractaires consistant à soumettre les composés, une fois mélangés, avec du charbon divisé et en quantité suffisante pour empêcher la formation d'un

(1) Il a simplement l'intention. Il n'est pas sûr et n'a pas d'expériences relatives au sujet qu'il indique.

(2) De cette façon, on peut englober la chimie tout entière, c'est très simple.

(3) Remarquons ici que M. Willson ne donne aucune analyse, il ne dit pas s'il existe un ou plusieurs carbures de calcium, si même ce carbure est décomposable par l'eau. Il ne prononce ni le mot de carbure d'hydrogène ni celui d'acétylène.

bain de composé fondu, à la chaleur continue d'un arc électrique entre des électrodes séparées dont une (au moins) est disposée immédiatement au-dessus de la matière en traitement, de sorte que l'arc se trouve juste au-dessus de cette matière ; on évite ainsi pendant l'opération des fluctuations dans la résistance de l'arc, en qui proviendrait de la présence et de l'ébullition du dit bain.

2° Le procédé de désoxydation des composés métalliques réfractaires consistant à soumettre le composé une fois mélangé avec du charbon.divisé et en quantité suffisante pour *empêcher la forma-. tion d'un bain de composé fondu*, à la chaleur conti-nue d'un arc électrique entre deux électrodes iso-lées, disposées l'une au-dessus de l'autre, le dit arc se trouvant tout près de la matière en traitement, ce qui fait que pendant l'opération on évite les fluctuations dans la résistance de l'arc, qui seraient dues à la présence et à l'ébullition du dit bain.

3° Le procédé de réduction des composés mé-talliques réfractaires, consistant à soumettre le composé une fois mélangé avec du charbon subdi-visé et en quantité suffisante pour empêcher *la for-mation d'un bain de composé fondu*, à la chaleur continue d'un arc électrique produit en faisant passer un courant dans une direction à peu près verticale, entre les électrodes isolées, de sorte que l'arc est maintenu juste au-dessus de la matière en traitement. On évite ainsi pendant la réduction, les fluctuations dans la résistance de l'arc qui se-raient dues à la présence et à l'ébullition de ce bain.

4° Le procédé de réduction de l'alumine qui consiste à la soumettre, une fois mélangée avec du charbon subdivisé et en quantité suffisante pour empêcher la formation d'un bain d'alumine fondue à la chaleur continue d'un arc électrique entre des électrodes séparées et placées l'une au-dessus de l'autre, de manière que l'arc soit maintenu au-dessus de la matière en traitement; on évite ainsi, pendant la réduction, les fluctuations dans la résistance de l'arc et qui seraient dues à la présence de ce bain.

5° Le procédé de réduction d'un composé métallique réfractaire et qui consiste à mélanger avec ce dernier une *quantité suffisante de charbon finement subdivisé comme décrit*, à amener le mélange dans un arc électrique entretenu avec des électrodes séparées verticalement et à maintenir ce composé exposé à la chaleur continue de cet arc, de sorte que l'arc est maintenu immédiatement au-dessus de la matière en traitement; *on évite ainsi la formation d'un bain de composé fondu.*

En foi de quoi, j'ai ci-dessous signé en présence des deux témoins ci-dessous.

Thomas L. WILLSON.

Témoins :

Arthur C. FRASER.

, Charles K. FRASER.

Tel est le brevet de M. Willson ; comme on le voit, ce dernier n'a donné aucune analyse, aucune propriété des divers produits dont il parle dans sa patente. Il ne dit pas s'il existe plusieurs carbures de calcium ou un seul, si son composé se dédouble présence de l'eau, pour donner un gaz quelconque, ce dont il ne s'est même pas aperçu, car il l'aurait évidemment spécifié dans sa patente.

Dès lors, on n'aurait pas attendu les communications de M. Moissan, de 1894, pour voir dans le carbure de calcium un précieux agent d'éclairage. Bien plus, il ne prononce même pas le mot d'acétylène ; il n'a pas l'air de se douter de cette production.

Vraisemblablement M. Willson cherchait le calcium et ne pensait pas au carbure, du moins à un carbure décomposable par l'eau avec production d'acétylène.

Par la suite, il est vrai, en janvier 1895, après les travaux de M. Moissan sur ce sujet, M. Th.-L. Willson, le même qui prenait en 1893 ce fameux brevet sans fusion cité plus haut, demandait un brevet en Allemagne dont je vais donner le texte, un brevet semblable au Canada et dans d'autres pays, où on lui opposait formellement le brevet de M. Bullier.

Voici le brevet demandé en Allemagne par M. Willson. Il est curieux à cause de la date de sa demande en 1895.

Procédé et appareils applicables à la fabrication du carbure de calcium

PAR

M. Thomas L. Willson.

Jusqu'à ce jour on n'a pu obtenir le carbure de calcium que sous forme amorphe, inconvénient qui avait sa cause autant dans le mode de fabrication que dans la présence des impuretés que *les procédés actuels* sont incapables d'éliminer.

Mon nouveau procédé permet d'obtenir le carbure de calcium sur une plus grande échelle et sous une forme nouvelle, c'est-à-dire à l'état d'une masse nettement cristalline, à irisation bleue ou pourpre. Un point essentiel de mon procédé consiste dans la *fabrication d'un produit qui, en raison de sa pureté, peut constituer une base pour la fabrication de nouveaux produits.*

Mon procédé consiste en principe à broyer séparément, par voie mécanique, et à réduire à une poudre aussi fine que possible du coke et de la chaux finement divisés, puis à mélanger intimement ces deux matières dans des proportions déterminées (de préférence 35 o/o de coke et 65 de chaux) (1) et enfin à soumettre le mélange ainsi, obtenu à l'action de la chaleur de l'arc électrique dans un four de construction spéciale.

Dans le dessin fig. 2, A représente un briquetage qui constitue la paroi extérieure du four (2), B est une garniture intérieure en charbon qui, bien que préférable, n'est pas indispensable.

Le fond du récipient est formé de pièces de charbon et constitue l'un des pôles C, tandis que le second pôle 'est formé par un cylindre mobile de charbon solide. E désigne un dispositif d'évacua-

(1) M. Willson ici a éprouvé le besoin de changer légèrement les chiffres de M. Moissan, qui sont 30 de coke et 50 de chaux.

(2) C'est le four du brevet de 1893, rien n'y est changé, celui dans lequel il n'opère pas de bain de fusion.

tion pour le produit final en fusion, c'est-à-dire le carbure de calcium.

Le régulateur G permet d'imprimer au pôle un mouvement de montée et de descente. D représente une dynamo à courant alternatif.

Il est bien entendu que le système de four que nous venons de décrire brièvement peut comporter un certain nombre de modifications qu'il serait inutile d'indiquer.

En vue de l'exécution pratique de mon nouveau procédé, on charge le four par en haut ou de toute manière convenable, puis on relie les deux pôles C D aux bornes de la dynamo à courant alternatif qui possède un potentiel moyen d'environ 55 volts et est capable de fournir un courant d'une intensité suffisante pour la production du carbure en quantité voulue. Par exemple, pour un pôle ayant une surface d'électrode active de 8 pouces carrés, il est préférable d'employer un courant d'environ 1500 ampères.

Jusqu'à présent, on considérait la fabrication du carbure de calcium non comme un procédé de fusion mais comme une opération électrolytique (1). J'affirme cependant que la formation du carbure de calcium, réalisée dans les conditions ci-dessus, doit être considérée comme un simple procédé de fusion (2).

(1) M. Willson n'oublie qu'une chose, c'est que c'est lui qui avant les travaux de 1894, c'est-à-dire en 1893, considéra la chose comme telle.

(2) C'est curieux comme en deux ans les idées de M. Willson ont changé; mais cela n'a rien d'étonnant après les remarquables travaux publiés en France, en 1894 (*Comptes-Rendus*, t. 115, p. 1031).

D'après mes observations, un avantage très appréciable de mon procédé réside dans ce fait que la masse en fusion de carbure de calcium formée pendant le procédé et recouvrant le pôle C composé de pièces de charbon, est elle-même un bon conducteur de l'électricité et, pour cette raison, peut s'accumuler à une hauteur quelconque au-dessus de ce dernier pôle sans nuire pour cela, en aucune façon, à la marche ultérieure du procédé. J'indiquerai, à titre d'exemple, comme très avantageuse, une hauteur de deux pieds ou plus pour la masse de carbure en fusion.

Il est évident qu'on peut aussi évacuer le produit en fusion par l'ouverture *ad hoc*, D, au fur et à mesure de sa formation ; dans ce cas on recharge le four par en haut avec de nouvelles quantités du mélange de coke et de chaux, de façon que le procédé soit continu.

Le carbure de calcium en fusion ainsi obtenu se solidifie au refroidissement, en une masse cristalline dont les surfaces de rupture présentent une irisation bleue ou pourpre.

Le procédé décrit ci-dessus et sa mise en pratique à l'aide de l'appareil en question assurent un rendement en carbure de calcium presque double de celui réalisé par l'utilisation du courant direct employé jusqu'à présent.

Outre ce rendement élevé, on peut encore considérer comme avantages importants l'uniformité et la continuité du procédé ; en effet, la matière à traiter peut être amenée au four d'une manière uniforme et le carbure formé, peut en être évacué d'une manière semblable.

Afin de pouvoir exécuter le procédé dans les meilleures conditions possibles de régularité, il est important de réduire le coke et la chaux à l'état de division le plus fin possible, de préférence dans des machines à pulvériser. On mélange ensuite ces matières d'une manière aussi intime et aussi uniforme que possible, au moyen de mélangeurs appropriés, puis on les amène au four électrique où ils sont exposés à l'action de la chaleur de l'arc électrique engendré par un courant alternatif.

L'action du courant alternatif diffère absolument de celle du courant direct, seul utilisé jusqu'à ce jour, par ce fait que le courant alternatif provoque une série d'explosions à succession rapide, qui amènent, d'une manière continue, le mélange de coke et de chaux dans la sphère d'action de l'arc électrique. Ce qui a pour résultat une formation non seulement très rapide mais encore absolument uniforme de carbure de calcium.

Le procédé que je viens de décrire permet de fournir le carbure de calcium en quantités suffisantes et à un état de pureté absolue. L'importance de ces avantages est incontestable, si l'on considère que ce produit peut trouver et trouvera certainement, en raison de son prix de revient peu élevé, de nombreuses applications pratiques, notamment dans le domaine de la fabrication du gaz d'éclairage.

Revendications

» 1° Un procédé de fabrication du carbure de calcium consistant à soumettre des mélanges intimes de coke et de chaux finement pulvérisés, entre les pôles reliés à la source d'électricité à l'action d'un courant alternatif engendré par une dynamo de type quelconque.

» 2° L'application à la mise en pratique du procédé spécifié revendication I d'un four électrique composé, en ses parties essentielles :

a) D'un briquetage extérieur A, avec ou sans garniture intérieure de charbon B et avec ou sans dispositif d'évacuation E ;

b) D'un pôle C formé de pièces de charbon et reposant sur la sole du four ;

c) D'un pôle mobile D en charbon compact et pourvu d'un régulateur F. »

Telle est cette demande de brevet auquel le gouvernement allemand a naturellement opposé le brevet accordé par lui à M. L. Bullier en 1895.

De plus, dans une conférence faite à Philadelphie, il a été question d'une lettre personnelle de Lord Kelvin, accusant réception à M. Willson d'une poudre noire non définie, décomposable par l'eau. Cette lettre porte la date du 12 novembre 1892.

Elle est ainsi conçue :

« J'ai reçu et examiné votre carbure de calcium, » ce corps et le gaz qui s'en dégagent me paraissent » intéressants. »

Nous ferons remarquer que cette lettre, bien que signée d'un nom que tout le monde vénère dans la science, ne dit pas si l'échantillon de carbure a été obtenu par le procédé de Wœhler, par celui de Maquenne, de Travers, ou par une méthode nouvelle. Cette lettre privée démontre que Lord Kelvin

a reçu une poudre noire décomposable par l'eau :
elle ne donne aucune indication sur la composition
et le moyen de préparation de cette même poudre.

Elle ne dit pas si ce composé a été obtenu par
le magnésium ou par le four électrique. Enfin, elle
ne donne pas l'analyse du produit. Elle n'a aucune
valeur pour établir la priorité de M. Willson.

Il est inutile maintenant d'insister après ce qu'on
vient de lire. Les dates sont probantes et démontrent clairement que la découverte et la préparation
du carbure de calcium cristallisé obtenu par *un
procédé de fusion*, qui constitue un produit industriel absolument nouveau, sont bien une découverte
française dont tout le mérite revient à M. Moissan
et à son collaborateur M. Bullier. Ce dernier a obtenu le carbure de calcium, industriel, cristallisé et
pur, donnant par voie de décomposition, par l'eau,
le gaz acétylène. Il en a compris de suite les applications et il a reconnu en particulier l'intensité
lumineuse que ce nouveau gaz pouvait fournir à
l'éclairage.

De plus, le gaz acétylène préparé par ce nouveau
procédé est absolument pur, ainsi que M. Moissan l'a
démontré et que nous l'établirons plus loin ; nous
aurons d'ailleurs l'occasion de revenir sur ce sujet.

En résumé, la préparation au four électrique du
carbure de calcium C^2Ca, défini, pur et cristallisé,
carbure décomposable par l'eau froide avec dégagement d'acétylène, a été obtenue pour la première
fois en France par M. Henri Moissan. M. Bullier en
a poursuivi l'étude industrielle tandis qu'en Amérique M. Willson donnait à ce produit une grande

notoriété et le lançait de suite dans la voie des applications.

Il est juste aussi d'indiquer ici le nom de M. Borchers, auteur d'un traité d'électro-métallurgie publié en Allemagne et traduit par L. Gautier.

Il est curieux de voir combien certaines personnes cherchent par des formules un peu trop générales, à faire croire à tout le monde qu'elles ont tout découvert, ou sont capables de tout découvrir.

M. Borchers, dans la 2e édition de son ouvrage, consacre un chapitre aux carbures alcalino-terreux. Inutile de dire que c'est lui qui a découvert le carbure de calcium, et tous les composés analogues.

Il a suffi à M. Borchers, pour cette découverte, d'une formule :

« *Tous les oxydes sont réductibles par le carbone chauffé au moyen de l'électricité* ».

C'est tout ; la partie de la chimie à laquelle M. Moissan a consacré déjà près de six années, est tout entière dans cette formule ; M. Moissan, M. Bullier, M. Willson lui-même, n'ont fait qu'appliquer la grande formule de M. Borchers.

Malheureusement, ce dernier a avoué lui-même son impuissance, quand il dit au début du chapitre des carbures :

« Lors de la rédaction de la première édition de
« cet ouvrage, je ne me suis que peu occupé de ces
« carbures, parce que, dans ce temps, le but de mes
« travaux était de découvrir des méthodes conve-
« nables pour l'extraction de métaux utilisables.
« *Mais depuis cette époque, les carbures des métaux*
« *alcalino-terreux* ont acquis une grande impor-
« tance, etc., etc. ».

Nous comprenons très bien pourquoi M. Borchers ne s'est pas étendu sur les carbures dans la première édition de son ouvrage, et ceci s'explique très bien. Les travaux de M. Moissan n'étaient pas encore connus, le brevet de M. Bullier, dans lequel il donne tout au long la préparation du carbure de calcium et ses propriétés, n'était pas publié.

Nous laissons aussi le lecteur juge de cette phrase de M. Borchers dans le courant de son chapitre :

« Je ne doute pas le moins du monde que Moissan ne réussisse dans son four de fusion, à reproduire encore un grand nombre des réactions qu'en l'année 1891, j'ai RÉSUMÉES dans les quelques mots suivants : *Tous les oxydes sont réductibles par le carbone chauffé au moyen de l'électricité.* Il est seulement étonnant qu'on ait pu, en 1894, accorder en Allemagne, sous le nom de Bullier, un brevet pour la préparation de carbures alcalino-terreux, brevet qui s'appuyait sur la réductibilité, *fait connu depuis 1891,* de tous les oxydes, etc., et sur la transformation du calcium, autre fait connu depuis 1862, en carbure de calcium par combinaison avec le carbone à de hautes températures. »

Nous répondrons que d'abord sa grande formule est fausse, puisque M. Moissan, qui ne se contente pas de formules vagues, n'a pas pu réduire la magnésie, et qu'ensuite jamais Wœhler n'a connu le carbure de calcium défini.

CHAPITRE II.

L'acétylène est un carbure d'hydrogène répondant à la formule C^2H^2.

Nous avons vu que M. Berthelot est le premier qui ait étudié ce carbure.

Il l'a d'abord préparé en déshydrogénant par la voie sèche, c'est-à-dire par l'action de la chaleur rouge, l'éthylène C^2H^4 :

$$C^2H^4 = C^2H^2 + H^2$$

ainsi que tous les dérivés de l'éthylène, alcool, éther, etc. Nous verrons d'ailleurs, plus loin, que par synthèse, on peut arriver à la préparation de tous les composés en partant de l'acétylène.

M. Sawitsch a proposé ensuite d'opérer cette déshydrogénation par voie humide en faisant agir sur le bromure d'éthylène la potasse dissoute dans l'alcool ordinaire ou mieux dans l'alcool amylique. Mais pour des proportions d'acétylène un peu considérables, ce procédé n'était ni moins long, ni moins coûteux que l'autre. Il y avait entr'autres inconvénients dans ce gaz, un mélange de vapeurs bromurées et de vapeurs alcooliques qui modi-

fiaient toutes les réactions. Le premier procédé
avait donc semblé préférable à M. Berthelot et c'est
celui-là qu'il a tout d'abord adopté.

Un second moyen était celui de l'étincelle électrique, par synthèse directe du carbone et de l'hydrogène. Ce procédé exigeait un temps considérable pour transformer de grandes quantités de
matières, c'était cependant le procédé qui aurait
semblé le plus fructueux.

En voici la description :

Dans un ballon de forme ovoïde fig. 3 terminé aux
deux extrémités par deux tubulures *a* et *b*, on fait

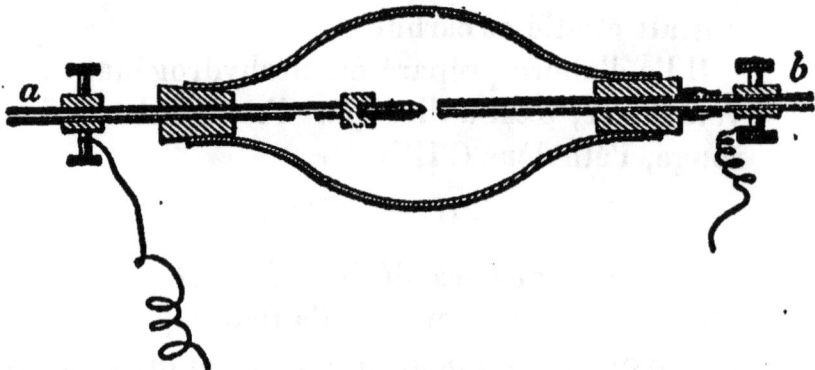

Fig. 3.

passer un courant d'hydrogène, les deux tubulures
sont traversées par deux tubes en cuivre dont l'un
sert de porte-crayon, et dans lequel on place une baguette de charbon de cornue, la seconde, livre passage à un second crayon électrique percé suivant
son axe d'un conduit, qui laisse échapper l'hydrogène en excès. L'appareil étant plein d'hydrogène,
on sépare un peu les deux charbons, l'arc électrique éclate entre les deux électrodes, et le gra-

phite se volatilise en carbone ténu ; tout aussitôt se produit son union avec l'hydrogène du ballon. Ce dernier contenant au préalable quelques traces de sous-chlorure de cuivre, sa combinaison avec l'acétylène donnait immédiatement de l'acétylure cuivreux rouge-brique, qui décelait aussitôt la présence de l'acétylène.

En employant le formène au lieu de l'hydrogène, M. Berthelot constatait qu'au bout de quelques heures il double de volume, en fournissant un gaz qui renferme 12,5 centièmes d'acétylène ; ce qui fait un rendement de près de 50 0/0 par rapport au formène employé. Si l'on élimine à mesure l'acétylène formé, de façon à prévenir la limitation des réactions, le rendement pouvait s'élever jusqu'à 87 centièmes, d'après les expériences de M. Berthelot.

On peut ajouter que d'ailleurs, la décomposition au moyen de l'arc électrique de tous les composés carbonés en présence de l'hydrogène, donne de l'acétylène ; le cyanogène donne en effet :

$$C^2Az + H^2 = C^2H^2 + Az^2$$

Le tétrachlorure de carbone :

$$2CCl^4 + 10H = C^2H^2 + 8HCl$$

On pourrait ainsi citer une foule d'autres réactions du même genre.

M. Pizarello a obtenu la formation d'acétylène en soumettant dans le vide l'éther à l'étincelle d'induction ; toutes ces réactions demandent, pour s'accomplir, une quantité de chaleur énorme, ce qui s'explique par le fait de la constitution endothermique de l'acétylène.

La combustion incomplète des composés hydro-carburés, à la température rouge, constitue une méthode de formation de l'acétylène non moins générale que l'action directe de la chaleur rouge, ou celle de l'étincelle électrique. En modifiant légèrement les dispositions des expériences destinées à établir le principe de cette formation, il est facile de recueillir l'acétylène formé : il suffit de disposer d'une aspiration continue pour faire passer les gaz au travers des réactifs liquides, destinés à recueillir l'acétylène sous la forme d'acétylure cuivreux.

La première préparation de ce genre est due à M. Berthelot, la seconde à MM. Berthelot et Jung-fleisch. Ce dernier professeur à l'École de Pharmacie de Paris.

Il est en effet facile de voir que les carbures insuffisamment oxydés perdent simplement des molécules d'hydrogène, d'après l'équation suivante :

$$4CH^4 + 3O^2 = 6H^2O + 2C^2H^2$$

au lieu de :

$$CH^4 + 4O = CO^2 + 2H^2O.$$

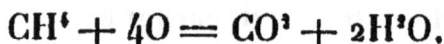

Ces combustions incomplètes, et par suite cette formation d'acétylène, expliquent l'odeur insupportable d'ail, que l'on sent au bout d'un certain temps, dans une cuisine chauffée au gaz, ou bien dans une pièce éclairée par des brûleurs Auer, ne fonctionnant pas avec la quantité d'air voulue ; il se répand en effet, dans ces conditions, une petite quantité d'acétylène suffisante pour produire l'odeur désagréable que l'on ressent.

Il est d'ailleurs facile de se rendre compte de cette formation d'acétylène dans ces conditions.

Si dans une éprouvette on verse quelques gouttes d'un hydrocarbure quelconque, éther, pétrole, etc., et un volume égal de réactif cuivreux ammoniacal (sous-chlorure de cuivre ammoniacal), et qu'on vienne à enflammer l'hydrocarbure, ce dernier brûle avec une flamme éclairante, les parties centrales de la flamme, mal alimentées d'oxygène, brû-

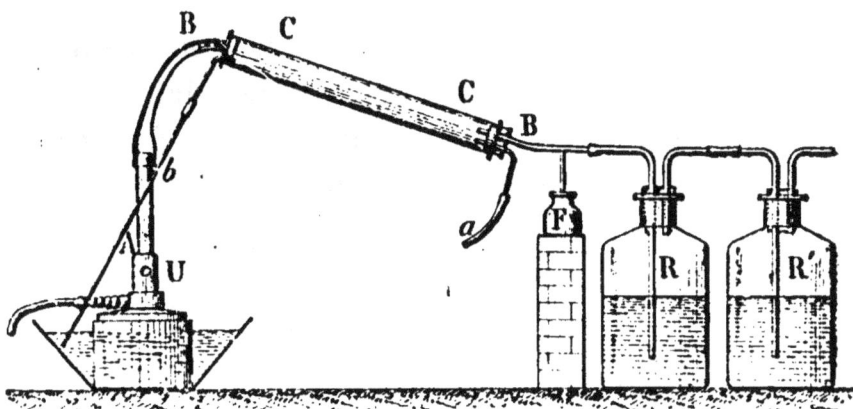

Fig. 4.

lent mal et les produits de cette combustion incomplète qui contiennent de l'acétylène, viennent rougir le réactif en formant de l'acétylure cuivreux.

Comme je l'ai dit plus haut, c'est M. Berthelot, qui a le premier donné une méthode pour préparer l'acétylène par ce procédé.

Elle est basée sur la combustion incomplète du gaz d'éclairage.

Dans l'intérieur de la cheminée d'un Bec Bunsen A, et conformément à une remarque de M. Rieth, on règle l'accès du gaz à l'aide du robinet U (fig. 6), suivant la rapidité du courant d'air appelé par une trompe. Pendant toute la préparation, le gaz doit se trouver en excès suffisant pour sortir à droite et à gauche par les deux orifices inférieurs de la cheminée du bec A, sans pourtant former au dehors une flamme trop considérable.

Le bec A est surmonté d'un tuyau de cuivre jaune BB, dans la portion verticale duquel il s'engage à frottement sur une certaine longueur, de façon à produire un canal combiné. Ce tuyau se recourbe presque aussitôt, en faisant un angle de 30 à 40 degrés environ, avec le plan horizontal. Cette branche inclinée, longue de 40 à 50 centimètres, est entourée d'un réfrigérant CC, dans lequel circule, de *a* en *b*, un courant d'eau froide, destiné à condenser la vapeur d'eau produite dans la combustion incomplète ; l'eau ainsi condensée s'écoule à mesure par l'orifice inférieur d'un large tube à trois branches assemblé avec BB par un caoutchouc. Cet orifice inférieur s'ouvre librement dans un flacon F.

Puis viennent deux flacons RR' de 2 à 3 litres chacun, remplis de chlorure cuivreux ammoniacal.

Les flacons RR' remplis, et l'appareil ajusté, on ouvre le robinet U, on allume le gaz aussitôt, puis l'on détermine l'appel au moyen de la trompe. Il faut surtout éviter qu'il ne pénètre dans la cheminée un excès d'air, dont l'oxygène détruirait le réactif cuivreux.

L'appareil une fois réglé, fonctionnait de lui-même, presque sans surveillance, et marchait jour

et nuit. Après chaque nuit, on arrêtait le courant
gazeux pendant un quart d'heure, afin de laisser
l'acétylure cuivreux se déposer.

La proportion étant suffisante et si la couche pré-
cipitée occupe la moitié ou les trois quarts du premier flacon R, on l'enlève, et on le remplace par
un second R' puis on ajuste en place de ce dernier,
un nouveau flacon rempli de réactif frais, et on
reprend l'opération.

Le flacon R ainsi mis à part, on laisse reposer ;
on décante avec un siphon la liqueur supérieure et
on la remplace par de l'eau distillée : on lave ainsi
le précipité d'acétylure cuivreux par décantation,
en agitant après chaque addition d'eau distillée,
jusqu'à ce que la liqueur surnageante soit absolument incolore et *exempte d'ammoniaque*. C'est là
une condition capitale, si l'on veut conserver pendant quelque temps l'acétylure cuivreux humide ;
autrement il s'oxyde et se détruit rapidement. Cet
acétylure sert ensuite à préparer l'acétylène au moment voulu, au moyen de l'acide chlorhydrique.

M. Jungfleisch, professeur à l'Ecole supérieure de
Pharmacie, a donné aussi en collaboration avec M.
Berthelot une méthode véritablement très intéressante pour la production de l'acétylure cuivreux et
la transformation de ce dernier en acétylène. Il amène
au moyen d'un brûleur spécial un jet d'air au sein
d'une atmosphère de gaz d'éclairage qui l'entoure
de toutes parts ; autour du brûleur, la combustion
du gaz s'opère entre les surfaces de séparation des
deux masses gazeuses, par conséquent fort mal, et
les produits de la combustion mélangés de gaz en

excès ne peuvent l'être d'oxygène provenant de l'air; au moyen d'une trompe, on amène les produits à un réfrigérant et de là à un laveur de réactif cuivreux; il se forme ainsi de l'acétylure cuivreux qu'il ne reste plus qu'à décomposer par l'acide chlorhydrique pour avoir de l'acétylène suivant l'équation :

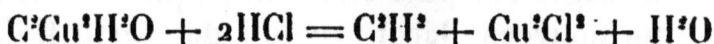

$$C^2Cu^2H^2O + 2HCl = C^2H^2 + Cu^2Cl^2 + H^2O$$

Une réaction un peu plus régulière consiste à traiter le bibromure d'éthylène par une solution chaude et concentrée d'éthylate de potasse d'après l'équation :

$$C^2H^4Br + 2C^2H^5OK = 2KBr + 2C^2H^5OH + C^2H^2$$

et recueillir les gaz dans la solution cuivrique ammoniacale pour décomposer ensuite l'acétylène par l'acide chlorhydrique.

Il existait d'autres méthodes de préparation de l'acétylène avant la découverte de M. Maquenne et puis plus tard enfin de M. Moissan.

Ainsi, l'iodoforme décomposé en présence de l'eau par de la poudre d'argent donne des vapeurs d'acétylène, ainsi que le bromoforme en présence de poudre de zinc et une solution de cuivre à 2 o/o. Le couple zinc-cuivre décompose le bromoforme et il se dégage de l'acétylène (Cazeneuve) :

$$2CHBr^3 + 3Cu = 3CuBr^2 + C^2H^2$$

Enfin, l'acétylène, comme nous l'avons déjà vu dans l'historique, n'a pu s'obtenir pur d'une façon simple qu'après la découverte du four électrothermique, celle du carbure de calcium défini, corps qui possède la propriété merveilleuse de se dédoubler en présence de l'eau :

$$CaC^2 + H^2O = C^2H^2 + CaO.$$

Un kilogramme de carbure de calcium produit théoriquement 350 litres d'acétylène. Au point de vue pratique, ce rendement en gaz acétylène est un peu variable.

Le carbure de calcium que l'on obtenait à l'usine de Bellegarde-sur-Valserine, dans l'Ain, donne très exactement 340 litres de gaz au kilogramme. Ce dernier contient une trace extrêmement minime d'impuretés.

D'autres carbures ne donnent que 300 litres à 310 litres de gaz acétylène. Cela dépend beaucoup du mode de préparation et de la composition du bain de fusion.

Les *carbures obtenus* au four électrique, dans lequel on n'a pas évité les actions électrolytiques, sont impurs et donnent de l'acétylène impur. Ceux de Froges, Neuhausen, Bitterfeld, sont des carbures cristallisés et purs ; ils présentent toutefois à la décomposition par l'eau des traces d'impuretés sur lesquelles nous reviendrons.

CHAPITRE III

L'acétylène est un gaz incolore, d'une densité égale à 0,92, renfermant en poids 92,3 parties de carbone et 7,7 d'hydrogène. C'est de tous les hydrocarbures le plus riche en carbone et c'est le seul qui renferme son propre volume d'hydrogène sans condensation. en effet, C^2H^2 représente 2 volumes et H^2, 2 volumes. Le poids du mètre cube est de 1 k. 189.

A la température de 20° C. 10 volumes d'eau absorbent 11 volumes d'acétylène. Une eau saturée de gaz de houille ne peut plus en absorber ; les dissolutions salines le dissolvent très difficilement, ainsi 100 volumes d'une solution saline saturée n'absorbe seulement que 5 volumes de ce gaz.

L'alcool en dissout 6 fois son volume, la paraffine 26 fois son propre volume, le sulfure de carbone et l'hydrure d'amyle leur propre volume, le chloroforme, la benzine, 4 volumes ; l'acide acétique, 6 volumes (Berthelot).

Notons qu'à 0° et sous la pression de 4,65 atmosphères le coefficient de solubilité est égal à 1,6.

L'acétylène est le point de départ de toute la chimie organique. On pourrait, en partant simplement du carbone pur, arriver par une suite de réactions à obtenir une infinité de composés organiques.

Prenons un exemple.

Unissons l'acétylène à un composé minéral le perchlorure d'antimoine, avec lequel il va nous donner une combinaison cristalline bien définie :

$$C^2H^2, SbCl^5.$$

Ce composé nous donnera à la distillation du protochlorure d'antimoine $SbCl^3$, il se fera en même temps du chlorure d'acétylène $C^2H^2Cl^2$ qui, chauffé à 200° avec la potasse, donnera :

$$C^2H^2Cl^2 + 3KHO = \underset{\substack{\text{acétate de} \\ \text{potasse}}}{C^2H^3O^2K} + 2KCl + H^2O$$

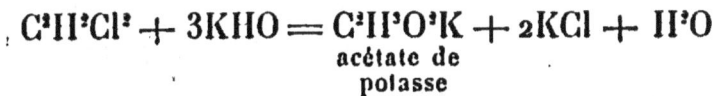

Oxydé en liqueur alcaline nous obtiendrons avec l'acétylène, l'acide oxalique :

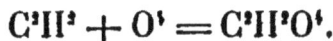

$$C^2H^2 + O^4 = C^2H^2O^4.$$

L'acétylure cuivreux, dont nous avons parlé à propos des modes de préparation de l'acétylène, chauffé en présence d'hydrogène naissant, donne l'éthylène qui, chauffé à 280°, donne l'hydrure d'éthyle en présence de l'acide iodhydrique concentré :

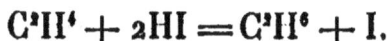

$$C^2H^4 + 2HI = C^2H^6 + I.$$

L'éthylène, en présence de l'acide sulfurique, s'unit à ce dernier en favorisant cette union au moyen d'une agitation prolongée et d'une division extrême. Cette réaction produit un acide organique particulier, l'acide sulfovinique qui répond à la formule :

$$SO^4(H.C^2H^5).$$

Ce dernier corps distillé reproduit l'acide sulfurique et donne l'alcool C^2H^6O, qui par oxydation donnera l'acide acétique. Celui-ci, chauffé en présence d'une base alcaline en excès, donnera le méthane CH^4 duquel nous ferons dériver par les actions simultanées du chlore et de la potasse, l'esprit de bois ou alcool méthylique CH^4O.

Ainsi nous reconstituons toute la série grasse.

Nous allons de même reconstituer la série aromatique.

Chauffons l'acétylène au rouge sombre dans une cloche courbe placée sur le mercure ; il va se produire le triacétylène ou benzine par la soudure de 3 molécules d'acétylène :

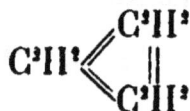

$$C^2H^2\!\!\underset{C^2H^2}{\overset{C^2H^2}{\big\langle\,\|}}$$

Par des réactifs minéraux appropriés, on peut transformer la benzine en nitrobenzine $C^6H^5AzO^2$ et en aniline $C^6H^5AzH^2$ et, par suite, obtenir la série des couleurs d'aniline depuis le violet d'aniline, violanilines, rosanilines, etc.

En chauffant davantage l'acétylène, nous obtiendrons la condensation de 4 molécules d'acétylène et nous produirons le styrolène C^8H^8 qui, porté au rouge avec la benzine, donne de l'anthracène :

$$C^8H^8 + C^6H^6 = C^{14}H^{10} + 2H^2.$$

Oxydé, l'anthracène donne l'alizarine :

$$C^{14}H^8O^4$$

belle couleur rouge identique à celle que produit
la garance naturelle.

Il est inutile d'insister davantage pour montrer
que l'acétylène peut nous permettre de reconstituer la chimie tout entière.

Comme propriété intéressante, je montrerai,
d'après M. Berthelot, que ce gaz peut s'unir directement avec les hydrocarbures non saturés.

Les hydracides donnent directement avec lui des
iodhydrates, bromhydrates, tels que :

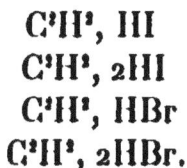

$$C^2H^2, HI$$
$$C^2H^2, 2HI$$
$$C^2H^2, HBr$$
$$C^2H^2, 2HBr.$$

Une solution alcoolique de potasse régénère
l'acétylène de ses divers composés en leur enlevant
l'hydracide.

Les métaux alcalins agissent directement à chaud
sur l'acétylène, déplacent l'hydrogène et donnent
successivement des corps tels que :

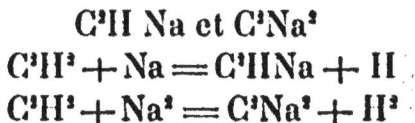

$$C^2H Na \text{ et } C^2Na^2$$
$$C^2H^2 + Na = C^2HNa + H$$
$$C^2H^2 + Na^2 = C^2Na^2 + H^2$$

et l'eau détruit ces combinaisons qui sont des carbures de sodium, en reproduisant l'acétylène.

L'hydrogène naissant ou en présence du noir de
platine s'unit à lui pour donner de l'éthylène.

Le chlore détone avec l'acétylène, même à la lumière diffuse. Emprunté au perchlorure de phosphore PCl⁵ ou au perchlorure d'antimoine SbCl⁵,

ce métalloïde forme avec l'acétylène les deux chlorures :

$$C^2H^2Cl^2$$
$$C^2H^2Cl^4$$

Si dans un vase rempli d'eau saturée de chlore on laisse tomber quelques fragments de carbure de calcium, on voit se dégager de l'acétylène qui s'enflamme au contact du chlore (Moissan).

Le brome donne à froid deux composés :

$$C^2H^2Br^2$$

et :

$$C^2H^2Br^4.$$

A 100° l'iode donne :

$$C^2H^2I^2.$$

Il existe enfin un produit dès maintenant facile à fabriquer, c'est le protoiodure de carbone appelé aussi diiodoforme et découvert par M. H. Moissan.

Sa formule est C^2I^4. M. Maquenne en a donné une bonne préparation.

Ce composé remplace l'iodoforme dont il n'a pas l'odeur désagréable.

Fabrication de l'alcool.

Il y a certaines fabrications sur lesquelles il est bon de s'étendre davantage. Je commencerai d'abord par l'alcool.

Ce corps est toujours obtenu par la distillation des liqueurs fermentées, vin ordinaire, vin de dattes, bière, cidre, poiré, vin de koumys, etc.,etc., qui proviennent de l'action des ferments ou micro-organismes sur les liqueurs sucrées, et qui trans-forment, on ne sait par quelles propriétés singu-lières, certains sucres en acide carbonique et alcool.

Les appareils distillatoires, employés à cet effet, sont compliqués, coûteux d'installation et d'entre-tien, à cause des rectifications successives qu'il faut opérer.

Partant donc du carbure de calcium qui peut nous fournir une grande quantité d'acétylène éco-nomiquement, nous avons à réaliser les appareils nécessaires pour la production de l'ensemble des réactions énoncées déjà :

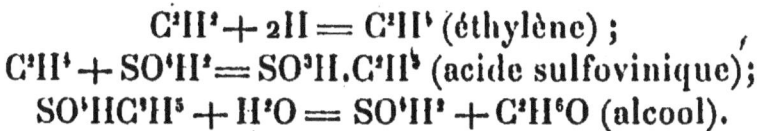

$$C^2H^2 + 2H = C^2H^4 \text{ (éthylène) ;}$$
$$C^2H^4 + SO^4H^2 = SO^3H.C^2H^5 \text{ (acide sulfovinique);}$$
$$SO^4HC^2H^5 + H^2O = SO^4H^2 + C^2H^6O \text{ (alcool).}$$

Il existe déjà une manière de produire de l'alcool de cette façon, la voici :

Dans un premier flacon on met 2 k. de carbure de calcium mélangé à 2 k. 5 de zinc. Dans un second flacon, réuni au premier par un tuyau de caoutchouc, on met de l'eau acidulée à l'acide sulfurique ; il faut,paraît-il,environ 3 k. 200 d'acide pour 5 litres d'eau.

Dans ces conditions, en élevant ou abaissant le deuxième flacon, on produirait dans le premier, par l'arrivée de l'eau acidulée sur le mélange de carbure et de zinc, un mélange de gaz acétylène et hydrogène qui donneraient immédiatement de l'éthylène se rendant dans un appareil à boules contenant de l'acide sulfurique pour produire la seconde réaction.

L'acide sulfovinique se rend dans un ballon où il est soumis à l'ébullition.

La décomposition donne de l'alcool qui va se purifier et se dessécher sur la tournure de cuivre.

Je ne crois pas que ce procédé ait donné d'excellents résultats. Et d'abord un grave inconvénient est celui-ci :

Le carbure de calcium se décompose très rapidement et le gaz hydrogène formé n'a pas le temps de s'unir à l'acétylène qui a dû s'échapper depuis longtemps lorsqu'une quantité notable d'hydrogène s'est formé.

Voici, cependant, à titre de simple renseignement, les calculs théoriques du prix de revient de l'alcool par ce procédé.

Il faut mettre le prix du carbure de calcium à o fr. 20 le kilog. prix qui est le seul raisonnable à adopter, étant donné que pour réaliser un bénéfice quelconque, il faudrait dans cette circonstance fabriquer soi-même le carbure de calcium.

Pour 100 litres d'alcool il faut :

kilogrammes

CaC^2 . . .	139,13
Hydrogène .	4,35
H^2SO^4 . . .	213,05

Comme l'acide sulfurique est constamment régénéré, il suffira de compter la dépense du sel absorbant servant à cette régénération :

	Fr.
Carbure de calcium 140 à o fr. 10. . . .	28 »
Hydrogène	15 40
Sel absorbant.	1 50
Main-d'œuvre et combustion.	2 »
Entretien et réparation du matériel . .	1 50
Amortissement, frais généraux, intérêts.	5 »
	53 40

Ce chiffre, on le voit, est très élevé, attendu que l'alcool coûte de 29 à 30 fr. l'hectolitre.

Il est diverses autres méthodes qui toutes sont plus ou moins coûteuses et ne présentent qu'un intérêt scientifique.

La fabrication du sucre par l'acétylène.

Je n'ai que quelques mots à dire à son sujet et uniquement pour la curiosité des faits.

L'inventeur, qui a fait breveter son procédé, se propose de constituer le sucre directement en combinant l'acide carbonique, l'éthylène et l'eau en un produit cristallisable qui ne serait autre que le sucre.

La formule du saccharose est bien en effet :

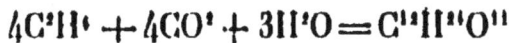

$$4C^2H^4 + 4CO^2 + 3H^2O = C^{12}H^{22}O^{11}$$

Par une série d'équations fort ingénieuses et très intéressantes, l'auteur nous amène à cette dernière équation.

Le saccharose n'est pas directement fermentescible, mais la levure de bière le transforme en un mélange de glycose et de lévulose qui n'est autre chose que le résultat de la fixation d'une molécule d'eau sur le saccharose :

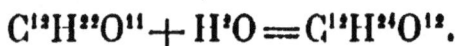

$$C^{12}H^{22}O^{11} + H^2O = C^{12}H^{24}O^{12}.$$

C'est alors que se produit pendant la fermentation alcoolique, la réaction suivante, ou dédoublement en acide carbonique et alcool :

$$C^{12}H^{24}O^{12} = 4C^2H^6O + 4CO^2.$$

« L'alcool, dit le brevet, peut être considéré comme un composé d'éthylène et d'eau, car la densité de l'éthylène étant 1,254 à 0° et 760 mm. de pression, et celle de la vapeur d'eau étant 0,806 dans les mêmes conditions, on a pour chacun de ces corps le même volume 89,30, c'est-à-dire qu'ils se combinent en volume égaux ; on a donc par suite :

$$4C^2H^6O = 4C^2H^4 + 4H^2O.$$

« En substituant dans la formule précédente C^2H^6O par sa valeur donnée par celle-ci, on a :

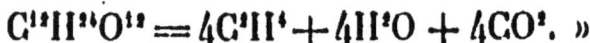

$$C^{12}H^{24}O^{12} = 4C^2H^4 + 4H^2O + 4CO^2. »$$

Or, comme le saccharose s'est uni à une molécule d'eau pour donner du sucre interverti, pour retomber sur le saccharose droit, il nous faut retrancher une molécule d'eau, et il vient :

$$C^{12}H^{22}O^{11} \text{ (saccharose)} = 4C^2H^4 + 3H^2O + 4CO^2.$$

Ce qu'il fallait démontrer.

Nous avons vu que l'acétylène était le générateur

de l'éthylène ; par suite, ce premier corps peut être la matière première de cette fabrication. Je ne crois pas devoir insister davantage sur cette fabrication très intéressante, qui pourra peut-être, le jour où la canne et la betterave auront disparu de la surface du globe, nous donner encore le moyen de réaliser la fabrication du sucre. Le processus chimique seul était intéressant.

Je donnerai en terminant cette partie relative aux propriétés chimiques de l'acétylène une dernière fabrication qui pourra peut-être, par la suite, intéresser les chercheurs ; je veux parler de la fabrication de l'acide picrique.

Voici la façon dont on pourrait procéder :

1º Décomposition du carbure de calcium en acétylène ;

2º Traitement de l'acétylène par l'acide sulfurique ;

3º Ce dernier fondu avec la potasse donnera le phénol.

Au moyen de l'acide azotique fumant versé goutte à goutte dans du phénol mêlé d'avance d'acide sulfurique on obtient l'acide picrique brut :

$$C^6H^2(AzO^4)^3OH.$$

qui cristallisera par refroidissement.

Action de l'acétylène sur les métaux.

Cette question est très peu connue ; elle fait commettre encore à l'heure actuelle beaucoup d'erreurs scientifiques.

Il a été, en effet, dit que l'acétylène non affiné donne avec le cuivre de l'acétylure ou acétylénure, corps explosif. M. Bullier (1) a fait remarquer que la formation de l'acétylénure de cuivre n'est pas aussi simple qu'on semble le supposer ; pour que ce corps puisse prendre naissance, il faut que l'acétylène se trouve en présence d'un sel de cuivre au minimum d'oxydation, c'est-à-dire d'un sous-sel de cuivre, et de plus en présence d'un excès d'ammoniaque.

Ce sont là des conditions bien difficiles à réaliser involontairement.

Dans la pratique, les sels de cuivre que l'on rencontre étant toujours au maximum d'oxydation, on n'a rien à craindre de ce côté.

Si les conditions énumérées plus haut se trouvent réalisées, l'acétylénure se formera tout aussi bien avec l'acétylène affiné qu'avec l'acétylène ordinaire, ce qui montre que le premier ne présente aucun avantage sur le second. La formule de l'acétylure cuivreux est $C^2H^2Cu^2O$, corps qui fait explosion par le choc et qui, à une température voisine de 95° à 120°, détone en donnant du carbone, du cuivre et de l'acide carbonique.

D'ailleurs, M. Bullier a vérifié le fait. Il a exposé pendant plusieurs jours dans une cloche contenant de l'acétylène, une lame de cuivre parfaitement décapée, et il a constaté au bout de ce temps qu'elle était aussi brillante que le premier jour.

D'autre part, la plus grande partie de la robinetterie des appareils de son laboratoire, 31, rue de

(1) L'*Electrochimie*. Juin 1895.

Buffon, est en cuivre, et l'on a constaté que depuis deux ans, il n'y a aucune attaque.

Il y a bien, dans certains cas, des taches brunes qui se forment au bout d'un certain temps sur les robinetteries; elles proviennent d'un dépôt charbonneux résultant de l'action de l'acétylène sur les sels de cuivre au maximum d'oxydation et ne sont nullement de l'acétylénure de cuivre.

Quant à l'attaque du cuivre-métal par l'acétylène, elle n'existe pas. Du reste, M. Berthelot a montré que le cuivre, même à chaud, est sans action sur l'acétylène.

Il a établi en même temps, le premier, que les métaux alcalins, chauffés légèrement en présence de l'acétylène, fournissaient des acétylures décomposables à froid par l'eau, avec régénération du gaz acétylène (1).

En répétant la même expérience en présence du fer, il a obtenu une destruction rapide de l'acétylène avec formation de carbure empyreumatique, de charbon et d'hydrogène, sans production d'acétylure de fer.

L'existence du nickel carbonyle a amené MM. Moissan et Moureu (2) à reprendre l'action de l'acétylène à froid sur certains métaux préparés dans un grand état de porosité.

Le fer, le nickel et le cobalt ont été obtenus par réduction, par l'hydrogène, à aussi basse température que possible.

Un appareil de Kipp, renfermant du carbure de

(1) *Annales de physique et de chimie.*
(2) *C. R. Académie des Sciences.* Juin 1895.

calcium pur, préparé au four électrique, leur permettait d'avoir un dégagement régulier de gaz acétylène.

Ce dernier, lavé à l'eau, passait dans un flacon de glycérine anhydre, et était ensuite desséché par du chlorure de calcium, et par de la potasse récemment fondue au creuset d'argent.

Un robinet, à trois voies, permettait de faire arriver brusquement le gaz acétylène sur le métal réduit. Ce dernier était disposé dans un tube qui était rempli d'hydrogène, et dans lequel on pouvait faire le vide.

Dans ces conditions, aussitôt que le gaz acétylène se trouve en grand excès, au contact du métal, à la température ordinaire du laboratoire, une incandescence très vive se produit ; des fumées abondantes apparaissent dans le tube et viennent se condenser dans les parties froides de l'appareil. Si l'on ralentit la vitesse du courant gazeux, l'incandescence cesse pour se produire à nouveau dès qu'on l'accélère.

Si la réduction du métal n'a pas été faite avec soin et à aussi basse température que possible, la réaction ne peut pas se produire ; mais il suffit de chauffer légèrement un point quelconque du tube avec une lampe à alcool pour voir apparaître nettement le phénomène. L'incandescence se propage ensuite de proche en proche sur une longueur qui peut atteindre 15 à 20 cm.

Cette incandescence ne dure pas plus de 2 à 3 minutes ; au moment où elle se produit, un abondant dépôt de charbon se forme dans le tube ; l'obstruction est bientôt complète, le courant gazeux est arrêté et les points lumineux disparaissent.

L'expérience est surtout brillante avec le fer ; mais elle se produit très nettement aussi avec le nickel et le cobalt, réduits par l'hydrogène.

La poudre noire que l'on trouve tassée dans le tube, après l'expérience, est formée d'un carbone léger, dans lequel le métal est diffusé. Il rappelle le carbone ferrugineux étudié par Gruner, dans sa *Réduction des oxydes de fer par l'oxyde de carbone.*

Ce charbon dégage de l'hydrogène et laisse un résidu noir, ferrugineux.

Cette substance charbonneuse est d'autant plus riche en métal qu'elle se trouve plus près du fer réduit employé dans l'expérience.

Les vapeurs assez denses, qui se produisent au moment de la réaction, peuvent être aisément condensées à l'aide d'un petit serpentin de verre entouré de glace. Le liquide, ainsi obtenu, est riche en benzine, cette dernière est accompagnée de tous les carbures qui peuvent se produire dans cette réaction, et dont la formation a été magistralement étudiée par M. Berthelot.

Enfin, ces messieurs ont étudié les gaz dégagés et ils ont remarqué que, tant que l'incandescence ne se produit pas, l'acétylène n'est pas altéré. Il ne se forme point de produits condensables à — 23° et les propriétés du gaz ne sont en rien modifiées.

Aussitôt que la réaction s'allume en un point, le gaz que l'on recueille est de l'hydrogène pur. Les analyses suivantes le démontrent.

	Gaz.	Après réactif cuivreux.	Acétylène pour 100.
Nickel. . . .	6^{cc}8	6^{cc}5	4^{cc}4
»	6^{cc}8	6^{cc}5	4^{cc}4
Cobalt. . . .	10^{cc}4	9^{cc}5	8^{cc}6
Fer.	6^{cc}9	6^{cc}8	1^{cc}4
»	7^{cc}	6^{cc}9	1^{cc}4

Le résidu gazeux, après traitement par le sous-chlorure de cuivre, est de l'hydrogène pur. Les combustions eudiométriques, qui en ont été faites, n'ont donné à MM. Moissan et Moureu que des quantités à peine appréciables d'acide carbonique, provenant d'une petite quantité de vapeur de benzine.

Il résulte de toutes ces expériences que l'acétylène réagit, à la température ordinaire, sur le fer, le nickel et le cobalt réduits, en produisant un grand dégagement de chaleur. Une certaine partie de l'acétylène se transforme, conformément aux réactions pyrogénées décrites par M. Berthelot, en benzine et polymères, tandis que la majeure partie du gaz se dédouble en ses éléments : carbone et hydrogène.

Cette réaction est due à un phénomène physique.

Le fer, le nickel et le cobalt réduits sont extrèmement poreux : ils absorbent énergiquement le gaz acétylène.

Cette absorption dégage une certaine quantité de chaleur, qui amène la polymérisation et finalement la décomposition de l'acétylène.

Dès lors, toute l'énergie qui était en réserve dans l'acétylène, composé endothermique ainsi que l'a établi M. Berthelot, devient disponible, l'ensemble de ces réactions produit l'incandescence, et le phénomène se continue en s'accentuant de plus en plus, jusqu'au moment où le carbone provenant de la décomposition de l'acétylène, s'est accumulé dans le tube en assez grande quantité pour arrêter l'arrivée du gaz.

Si cette interprétation est exacte, tout corps poreux, tel que le platine, par exemple, doit fournir un résultat identique.

Le noir de platine a été préparé en réduisant le chlorure platinique par le sucre en présence d'une solution de carbonate de soude. Après lavage à l'acide chlorhydrique, puis successivement à l'eau, à l'alcool, à l'éther, il a été desséché dans le vide sulfurique.

Ce noir de platine a été disposé dans un verre de Bohême, dans lequel on a fait le vide avec la trompe à mercure. Aussitôt que l'acétylène se trouve au contact du noir de platine, ce dernier devient incandescent, et la décomposition se produit comme précédemment : dépôt de carbone, formation d'hydrogène et de carbures pyrogénés.

La mousse de platine et l'amiante platinée se conduisent de même. Si le phénomène n'apparaît pas de suite, on le provoque en chauffant légèrement.

Ces substances essentiellement poreuses se comportent donc comme le fer, le nickel et le cobalt.

Enfin, en diluant l'acétylène dans un gaz inerte, tel que l'azote, on peut empêcher l'incandescence de se produire, mais l'absorption du gaz se fait néanmoins avec lenteur, et peu à peu, le métal se carbure et retient une petite quantité d'hydrogène.

Ces messieurs n'ont pu isoler, dans ces conditions, aucun composé solide ou liquide renfermant du métal.

MM. Moissan et Moureu concluent en disant que, en résumé, le fer, le nickel et le cobalt pyrophoriques, c'est-à-dire réduits à aussi basse température que possible, mis en présence d'un excès d'acétylène à froid, décomposent ce gaz avec incandescence en produisant du charbon, de l'hydrogène et des carbures pyrogénés. Cette décomposition doit être attribuée à un phénomène physique ; elle est due à la porosité de ces métaux.

Le même phénomène peut se répéter avec la mousse de platine.

Combustion de l'acétylène.

Chaleur de combustion du gaz acétylène. — Nous passons à une question fort importante qui est aussi assez peu connue et produit de nombreuses confusions.

L'acétylène brûle au contact de l'air avec une flamme éclairante, mais fuligineuse, en donnant de l'eau, de l'acide carbonique ; 2 volumes d'acétylène donnent avec 5 volumes d'oxygène un volume de vapeur d'eau et 2 volumes d'acide carbonique.

$$C^2H^2 + 5O = H^2O + 2CO^2$$

Ils dégagent en même temps une quantité de chaleur égale à 318 calories, 1.

En effet, 2 molécules de carbone donnent en brûlant :

$$24 \times 8,08 = 193 \text{ c. } 9$$

2 molécules d'hydrogène :

$$2 \times 34,5 = 69 \text{ c.}$$

Ce qui fait un total de 262 c. 9.

Mais, en brûlant, l'acétylène restitue les calories qu'il a absorbées pour sa formation, soit 55 calories qui représentent la chaleur de formation qui a été absorbée en partant des éléments ou du carbone amorphe.

C^2H^2 représente un poids égal à 26.

En partant du gramme pour arriver au kilog. nous obtiendrons la chaleur de combustion du kilog.

26 gr. dégagent   318 c.

1000 gr.   »   1223 c.

telle est la chaleur de combustion théorique au poids.

Celle du mètre cube peut s'obtenir facilement.

Un mètre cube pèse 1 k. 12.

$$C = 1 \text{ k. } 12 \times 12.23 = 13.697.$$

Voici les résultats d'essais faits à la bombe calorimétrique de M. Mahler.

1er essai	13.953
2e »	14.002
3e »	14.125
4e »	13.742
5e . »	14.325
Moyenne.	14.029 au mètre cube.

Le mètre cube de gaz d'éclairage a une chaleur

de combustion moyenne de 5.500 calories ; celle de l'acétylène est presque deux fois et demi supérieure.

Toutefois, je dirai tout de suite, qu'à éclairement égal, l'acétylène développe beaucoup moins de chaleur.

Comme nous le verrons par la suite, l'unité de lumière à l'acétylène est produite pour une dépense moyenne à l'heure de 7 litres, quand la combustion est bien réglée.

Or, 7 litres donneront en brûlant 98 c.

La même lumière au gaz de houille s'obtient, depuis la découverte du bec à incandescence, avec 25 litres, ce qui fait 125 c.

Si l'on vient à placer la main au-dessus d'une petite flamme d'acétylène, il semble qu'elle ne donne aucune chaleur et cela ne provient que du très faible débit du bec.

D'ailleurs M. Le Chatelier, dans une note récente présentée par M. Daubrée à l'Académie des sciences, a donné des résultats d'essais fort intéressants, qu'il a entrepris sur la chaleur de combustion de l'acétylène et dont voici les points les plus remarquables :

« 1° *Réactions de combustion.* — Les mélanges de l'acétylène avec l'air renfermant une proportion de ce gaz inférieure à 7,74 o/o du volume total, donnent de l'acide carbonique et produisent de l'eau, en donnant une flamme jaunâtre peu éclairante.

« Pour les proportions de ce gaz comprises entre 7,74 et 17,37 pour 100, la flamme est bleu pâle, avec une faible auréole jaunâtre ; les produits de la combustion sont composés d'acide carbonique, oxyde de carbone, vapeur d'eau et hydrogène.

« Pour les proportions d'acétylène supérieures à 17,37 o/o, il se produit des réactions incomplètes, donnant naissance à la fois à de l'oxyde de carbone, de l'hydrogène, du carbone libre et il reste de l'acétylène non brûlé. La précipitation du carbone sous forme de noir de fumée est très nette à partir de la teneur de 20 o/o. La flamme devient alors lumineuse, d'une couleur rouge et de plus en plus fuligineuse, à mesure que la proportion de gaz combustible augmente. Il reste après le passage de la flamme, un nuage noir opaque de carbone précipité.

2º *Limites d'inflammabilité.* — « Pris en masse indéfinie, les seuls mélanges inflammables, c'est-à-dire dans lesquels l'inflammation mise en un point s'étende à toute la masse, sont ceux pour lesquels la proportion du gaz combustible est renfermée entre les deux limites extrêmes.

	Avec l'oxygène	Avec l'air
Limite inférieure d'inflammabilité . . .	2,8 o/o	2,8 o/o
Limite supérieure d'inflammabilité . . .	93	65

Dans les tubes, les limites se resserrent de plus en plus à mesure que le diamètre diminue.

Aucun des mélanges combustibles de l'acétylène avec l'air ne peut laisser propager la flamme dans les tubes de o mm. 5 de diamètre ; dans les tubes de 1 mm., les mélanges les plus combustibles peuvent seuls le faire.

Le tableau suivant résume les principaux résultats observés :

Diamètre des tubes	LIMITE	
	inférieure	supérieure
o mm. 5		
o 8	7,7 o/o	10
2	5	15
4	4,5	25
6	4	40
20	3,5	55
3o	3,1	62
4o	2,9	64

3° *Vitesse de propagation de la flamme.* — M. Le Chatelier a employé des tubes de 40 mm. Ces vitesses sont les mêmes que pour une masse indéfinie.

Pour le mélange limite à 2,9 o/o la vitesse est de o m. 10 par seconde : elle croît très rapidement jusqu'à la teneur de 9 o/o, où elle atteint environ 5 mètres, continue ensuite à croître lentement jusqu'à 9 ou 10 o/o avec une valeur maxima de 6 m. environ, puis se remet à décroître très rapidement jusqu'au voisinage de 22 o/o où elle n'est plus que de o m. 40, et enfin continue à décroître lentement jusqu'au mélange limite à 64 o/o dont la vitesse est de o m. o5 par seconde.

4° *Température d'inflammation.* — La température d'inflammation de ce gaz est voisine de 480°, c'est-à-dire beaucoup plus basse que celle des autres gaz combustibles, qui est, pour la plupart, voisine de 6oo°.

On enflamme très facilement les mélanges explosifs d'acétylène enfermés dans des tubes en verre, en chauffant quelques instants ces tubes sur une lampe à alcool. L'explosion se produit, bien avant le commencement du ramollissement du verre.

5° *Température de combustion.*

MÉLANGE à 7,74 o/o de C^2H^2 $t = 2.420°$.

D'après la réaction :

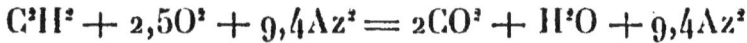

$$C^2H^2 + 2,5O^2 + 9,4Az^2 = 2CO^2 + H^2O + 9,4Az^2$$

MÉLANGE 12,2 o/o de C^2H^2 $t = 2.260°$.

D'après les conditions d'équilibre citées :

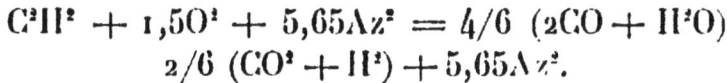

$$C^2H^2 + 1,5O^2 + 5,65Az^2 = 4/6 (2CO + H^2O)$$
$$2/6 (CO^2 + H^2) + 5,65Az^2.$$

MÉLANGE 17,37 o/o de C^2H^2 $t = 2.100°$.

D'après la réaction :

$$C^2H^2 + O^2 + 3,75Az^2 = 2CO + H^2 + 3,75Az^2.$$

L'acétylène en brûlant donne donc, en raison de sa constitution endothermique, une température beaucoup plus élevée que les autres gaz combustibles dont la température de combustion est voisine de 2.000°.

Brûlé avec son volume d'oxygène il donnerait une température de 4.000° supérieure de 1.000° à la flamme du mélange oxhydrique, avec des produits de combustion entièrement formés d'oxyde de carbone, d'hydrogène, c'est-à-dire de gaz réducteurs, double propriété rendant très précieux l'emploi de l'acétylène dans les laboratoires.

Combustion complète de l'acétylène. — Produits de la combustion.

Pour que le gaz acétylène puisse brûler complètement, il faut l'allumer à une fente mince semblable au papillon ou au Manchester à gaz. Cette fente doit être, comme nous le verrons au chapitre relatif à l'éclairage, extrêmement mince.

Dans ces conditions seulement la combustion est complète.

Pour recueillir les produits de combustion, on place au-dessus d'un bec Bray ou Delarbre donnant une flamme blanche brillante un cylindre métallique vertical uni à un réfrigérant à eau froide et à un gazomètre ; tous les produits de combustion furent entraînés avec de l'air dans le gazomètre qui fonctionnait comme aspirateur et 80 litres de gaz ont été recueillis en deux minutes.

L'analyse des gaz a été faite par l'eau de baryte ; elle a donné 33 cm³ 7 d'acide carbonique dans 1.700 cm³ de gaz ou 1.468 cm³ en deux minutes.

Deux analyses eudiométriques faites sur l'eau du gaz dépouillé d'acide carbonique ont donné pour l'oxygène 18,59 et 18,57 ; le volume d'oxygène consommé a été trouvé égal à 1.786 cm³. Le rapport $\frac{CO^2}{O}$ est égal à 0,82 ; or, on sait qu'un volume d'acétylène pur consomme 2,5 volumes d'oxygène, et donne 2 volumes d'acide carbonique ; le rapport $\frac{CO^2}{O}$ est égal à 0,8.

On peut donc admettre que dans un bec type Manchester la combustion est complète et que l'acétylène présente un caractère eudiométrique très marqué.

M. Gréhant, qui est l'auteur de ces intéressantes expériences, a cherché directement si la combustion de l'acétylène n'engendre pas de gaz combustible.

Dans une ampoule de verre contenant une spirale de platine maintenue au rouge vif par une batterie d'accumulateurs qu'il a employé comme grisoumètre continu, il a fait passer pendant deux heures 1.3 centimètres cube du gaz recueilli, privé d'acide carbonique, et il n'a obtenu dans un tube de baryte faisant suite à l'ampoule qu'un anneau à peine visible de carbonate de baryte indiquant une si faible trace d'acide carbonique qu'il était impossible de le doser.

M. le Dr Gréhant conclut de ses expériences que les produits de combustion d'un bec Manchester à acétylène ne renferment pas la moindre trace de gaz combustible contenant du carbone.

Combustion incomplète de l'acétylène. — Formation d'oxyde de carbone. — Comparaison avec les produits de combustion incomplète du gaz de houille.

Comme nous le verrons plus loin à propos de l'explosivité de l'acétylène en mélange tonnant et à la suite des intéressantes recherches de M. Le Chatelier, ce dernier, comme nous l'avons vu, signale dans les produits de combustion de l'acétylène : l'acide carbonique, l'oxyde de carbone, la vapeur d'eau et l'hydrogène.

M. Gréhant a pu obtenir une combustion incomplète de l'acétylène en prenant un bec Bunsen alimenté par ce gaz, et en le faisant brûler par en bas ; un cône de laiton placé au-dessus du bec suivi d'un large réfrigérant métallique à eau, de soupapes métalliques et d'une muselière de caoutchouc, a permis de faire respirer à un chien les produits de la combustion mélangés avec l'air entraîné. 42 cm³ 5 de sang artériel normal pris avant l'expérience ont été injectés dans le ballon récipient uni à la pompe à mercure ; on a extrait les gaz du sang normal et on a trouvé au grisoumètre une réduction de 1,6 division (gaz combustible normal du sang) ; on fait respirer l'animal, au bout de vingt minutes il s'agite, au bout de trente minutes on fait une nouvelle prise de sang qui est très rouge, dont on extrait les gaz après addition d'acide acétique. L'animal détaché est très malade, la respiration est presque arrêtée, la tête est renversée en arrière, on fait respirer au chien de l'oxygène, on le fait porter au grand air dans le jardin du laboratoire, il revient.

L'analyse des gaz du sang a donné au grisoumètre une réduction de 76,7 divisions ; retranchons 1,6 correspondant au sang normal, on trouve 75,1, réduction énorme qui correspond à $\frac{75,1}{7,6}$ ou à 9 cm³ 88 d'oxyde de carbone, soit à 23 cm³ 2 d'oxyde de carbone dans 100 cm³ de sang. C'est une proportion considérable et qui explique le danger de mort dans lequel se trouvait l'animal. Ceci démontre clairement que l'acétylène, en brûlant mal, dégage de l'oxyde de carbone.

Les mêmes expériences ont été reprises avec le gaz de houille en faisant brûler le bec Bunsen par en bas et en donnant un débit analogue à celui de l'acétylène.

Les gaz du sang normal d'un chien (42 cm 5 ana-

lysés au grisoumètre ont donné une réduction égale
à 1,8.

On fait respirer l'animal. Au bout de cinq minutes, vive agitation ; au bout d'un quart d'heure, la
respiration s'arrête ; on aspire rapidement du sang
dans l'artère carotide, l'animal détaché est mort. On
fait une deuxième prise de sang de 42 cm 5 et on
pratique l'extraction des gaz par l'acide acétique, on
obtient 26 cm³ 2 de gaz que la potasse réduit à 11 cm³4.

Ce gaz introduit dans le grisoumètre avec de l'oxygène et de l'air donne la belle flamme bleue caractéristique de l'oxyde de carbone et une réduction considérable égale à 78,9 divisions ; retranchons 1,8
correspondant au sang normal, il reste 77,1 divisions
et comme 1 cm³ d'oxyde de carbone donne une réduction de 7,6 divisions, nous trouvons pour 100 cm³
de sang 24 cm³ d'oxyde de carbone ; le sang était
presque complètement oxycarboné.

M. Gréhant conclut en disant :

« Il faut donc bien se garder dans l'emploi de
l'acétylène et du gaz d'éclairage pour le chauffage,
de faire usage d'appareils défectueux dans lesquels
une combustion incomplète de ces gaz dégagerait
une grande quantité, très dangereuse, d'oxyde de
carbone. »

Explosion. — Détonation de l'acétylène seul.

L'acétylène est formé, comme nous l'avons vu, avec
absorption de chaleur depuis ses éléments et M. Berthelot a trouvé que cette absorption s'élève à 61,10
calories.

Si l'on réussit à décomposer brusquement ce gaz en ses éléments, une telle quantité de chaleur reproduite en sens inverse élèvera la température de ces derniers vers 3.000°. On trouve, en effet, en partant des éléments, que l'acétylène décomposé sous pression constante atteint la température de 3.300° et sous volume constant 3.640°.

Il est entendu que l'évaluation de ces températures est subordonnée à la constance supposée des chaleurs spécifiques. Quelque opinion que l'on ait à cet égard, il est certain qu'elle donne sur la température une notion plus vraisemblable dans le cas présent où il s'agit d'une décomposition élémentaire, que dans les réactions où il se forme des corps composés, telles que les combustions de l'hydrogène ou de l'oxyde de carbone, combustions limitées dans leur progrès par la dissociation des corps composés (1).

Cependant, il n'avait pas été possible jusqu'aux travaux de M. Berthelot de déterminer l'explosion de l'acétylène. Tandis que le gaz hypochloreux détone sous l'influence d'un léger échauffement, du contact d'une flamme ou d'une étincelle, malgré la grandeur bien moindre de la chaleur dégagée 15.200 cal. (pour $Cl^2O^2 = 87^s$), chaleur susceptible de porter les éléments de ce gaz à 1.250° seulement, au contraire l'acétylène, comme le cyanogène et le bioxyde d'azote, ne détonent ni par simple échauffement, ni par le contact d'une flamme, ni sous l'influence d'une série d'étincelles électriques, ni même dans l'arc électrique.

(1) Berthelot, *Ann. de Physique et de Chimie.*

La diversité qui existe entre le mode de destruction des combinaisons endothermiques est due à la nécessité d'une sorte de mise en train et d'un certain travail préliminaire qui ne paraît pas résider dans un simple échauffement lent et progressif. En effet, l'acétylène ne détone jamais à quelque température qu'il soit porté ; ce n'est pas qu'il soit très stable : l'acétylène se décompose au rouge sombre, avec formation de polymères tels que la benzine.

L'acétylène ne détone pas davantage sous l'influence de l'arc ou des étincelles électriques, malgré la température excessive et subite développée par celles-ci. Cependant, le carbone se précipite aussitôt sur leur trajet, au sein de l'acétylène, en même temps que l'hydrogène devient libre.

Une partie de l'hydrogène et du carbone mis en liberté aux dépens de l'acétylène, se recombinent de même sous l'influence de l'électricité pour reconstituer ce carbure d'hydyogène, le tout formant un système en équilibre.

Ainsi, pour ce genre de combinaison endothermique ainsi que pour les autres, il existe quelque condition, liée à sa constitution moléculaire, qui empêche la propagation de l'action chimique sous l'influence du simple échauffement progressif ou de l'étincelle électrique.

Les matières explosives présentent les mêmes phénomènes, ainsi l'inflammation simple de la dynamite ne suffit pas pour en provoquer la détonation. Au contraire, M. Nobel a montré que celle-ci est produite sous l'influence de détonateurs spéciaux tels que le fulminate de mercure, susceptibles de développer un choc très violent. M. Berthelot a montré que ces effets semblent dus à la formation d'une véritable onde explosive, onde tout à fait distincte des ondes sonores proprement dites, parce qu'elle résulte d'un certain cycle d'actions mécaniques, calorifiques et chimiques, lesquelles se reproduisent de proche en proche en se transformant les unes dans les autres.

La prépondérance du fulminate de mercure comme détonateur s'explique par l'énormité des pressions qu'il développe en détonant dans son propre volume, pressions très supérieures à celles de tous les corps connus et qui peuvent être évaluées à plus de 24.000 kgr. par centimètre carré.

C'est ainsi que M. Berthelot a fait détoner l'acétylène.

Dans une éprouvette de verre E, fig. 5, à parois très épaisses, on introduit un certain volume d'acé-

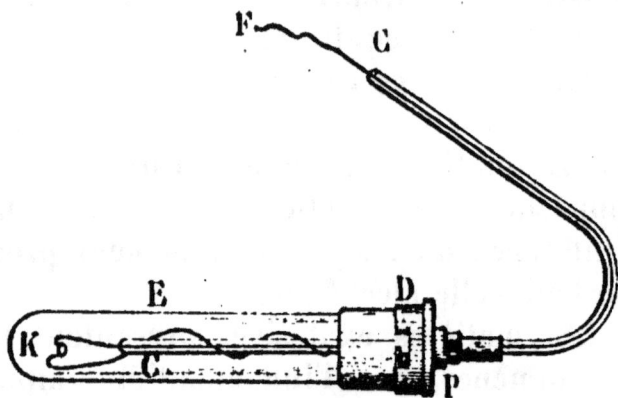

Fig. 5

tylène, 20 à 25 cm³ par exemple. Au centre de la masse gazeuse, on place une cartouche minuscule K contenant une petite quantité de fulminate (o gr. 1

environ)et traversée par un fil métallique très fin en
contact par son autre bout avec la garniture de fer
de l'éprouvette.

Un courant électrique peut faire rougir ce fil.
Le tout, est supporté par un tube de verre capillaire CC en forme de siphon renversé, renfermant
un second fil métallique soudé dans le tube et se
prolongeant au dehors jusqu'en F. Le tube est fixé
lui-même dans un bouchon métallique D, qui
ferme l'éprouvette.

La fig. 5 représente le système tout disposé, la
fig. 6 le tube de verre garni de son fil intérieur.

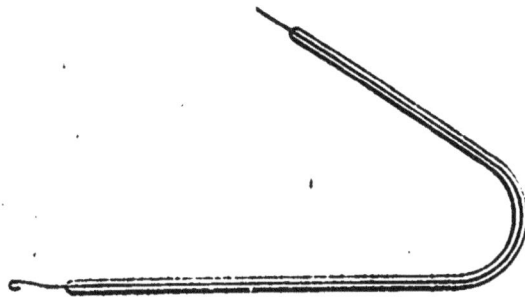

Fig. 6

La fig. 7 représente en grandeur naturelle l'ajutage d'acier P' qui fournit passage à ce tube, lequel

Fig. 7

est mastiqué dans son ajutage, en même temps que
le deuxième fil métallique. La fig. 8 représente le

bouchon d'acier, projeté en grandeur naturelle avec le trou T dans lequel est vissé l'ajutage précé-

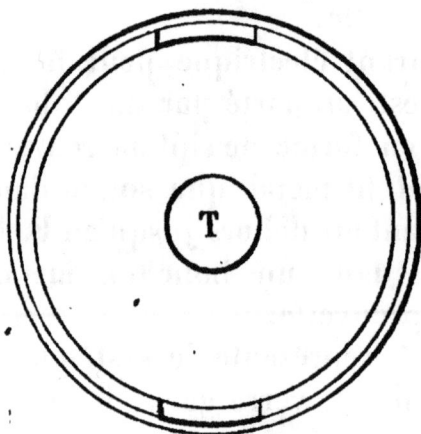

Fig. 8

dent. Ces dispositions permettent de remplir l'éprouvette de gaz sur le mercure, puis d'y introduire les fils garnis de leur amorce et ajustés sur le bouchon. On serre celui-ci à l'aide d'une fermeture à baïonnette et on opère la détonation à volume constant.

A cet effet, on fait passer le courant :

Le fulminate éclate, et il se produit une violente explosion et une grande flamme dans l'éprouvette. Après refroidissement, celle-ci se trouve remplie de carbone noir et très divisé ; l'acétylène a disparu, et l'on obtient de l'hydrogène libre. On dévisse l'ajutage P sous le mercure ; on l'enlève avec le tube capillaire ; on enlève également le bouchon, puis on recueille et on étudie les gaz contenus dans l'éprouvette.

L'acétylène est ainsi décomposé en ses éléments purement et simplement.

$$C^2H^2 = C^2 + H^2$$

A peine si l'on retrouve une trace insensible du gaz primitif, un centième de centimètre cube environ, trace attribuable sans doute à quelque portion non atteinte par l'explosion.

MM. Berthelot et Vieille ont enfin étudié les conditions d'explosion de l'acétylène sous tous les états et ont entrepris les expériences suivantes (C. R. 5 octobre 1896) :

Influence de la pression. — Sous la pression atmosphérique et à pression constante, l'acétylène ne propage pas, à une distance notable, la décomposition provoquée en un de ses points. Ni l'étincelle, ni la présence d'un point en ignition, ni même l'amorce en fulminate n'exercent d'action, *au-delà du voisinage dans la région soumise directement à l'échauffement ou à la compression.*

Or, on a observé qu'il en est tout autrement dès que la condensation du gaz est accrue et sous des pressions supérieures à *deux atmosphères.* L'acétylène manifeste alors les propriétés ordinaires des mélanges tonnants. Si l'on excite sa décomposition par simple ignition en un point, à l'aide d'un simple fil de platine ou de fer, porté à l'incandescence au moyen d'un courant électrique, elle se propage dans toute la masse, sans affaiblissement appréciable.

On a observé ce phénomène sous des longueurs de 4 m. dans des tubes de 20 mm. de diamètre. Cette propriété peut être rapprochée de l'abaissement de la limite de combustibilité des mélanges tonnants sous pression : elle est vraisemblablement générale dans les gaz endothermiques.

Décomposition de l'acétylène gazeux.— Le tableau
suivant renferme les pressions et les durées de
réaction observées lors de l'inflammation de l'acétylène au moyen d'un fil métallique rougi au sein de
la masse gazeuse, sous diverses pressions initiales :

Pression initiale absolue kg. p. cq.	Pression observée aussitôt après réaction.	Durée de réaction en millièmes de seconde	Rapport des pressions initiale et finale
	kg.		
2,23	8,77	»	3,93
2,23	10,73	»	4,81
3,53	18,58	76,8	5,31
3,43	19,33	»	5,63
5,98	41,73	66,7	6,98
5.88	43,43	»	7,26
5,98	41,53	45,9	6.94
11,23	92.73	26,1	8,24
11,23	91,73	39,2	8,00
21,13	21,37	16,4	10,13
21,13	21,26	18,2	10,13

La dernière vitesse est encore très inférieure à
celle de l'onde explosive dans le mélange oxhydrique.

Après la réaction, si l'on ouvre l'éprouvette en
acier, munie d'un manomètre Crusher, dans laquelle a été opérée la décomposition, on la trouve
entièrement remplie d'un charbon pulvérulent et
volumineux, sorte de suie légèrement agglomérée,
qui épouse la forme du récipient et peut en être

retirée sous la forme d'une masse fragile. Quant
au gaz provenant de la décomposition, il a été
trouvé formé d'hydrogène pur. Aussi, la pression
finale, après refroidissement, est-elle exactement
égale à la pression initiale.

La décomposition s'effectue donc bien suivant la
formule théorique

$$C^2H^2 = C^2 + H^2$$

Le tableau ci-dessus montre que sous des pressions initiales de 21 kg. environ, tensions égales à
la moitié de la tension de vapeur saturée de l'acétylène liquide, à la température ambiante de 20°,
l'explosion décuple la pression initiale.

La température développée au moment de la
décomposition explosive peut être évaluée de la
façon suivante.

La chaleur produite serait de 58 cal. 1 si le carbone se séparait à l'état de diamant ; mais pour
l'état de carbone amorphe elle se réduit à $+$ 51 c.4.
D'autre part, la chaleur spécifique à volume constant de l'hydrogène H^2 à haute température est
représentée, d'après l'expérience, par la formule

$$4,8 + 0,0016 (t - 160°).$$

Admettons la chaleur spécifique moyenne, déterminée par M. Violle pour les hautes températures, nous aurons pour $C^2 = 24$ gr., la valeur

$$8,4 + 0,00144 t.$$

D'après ces nombres réunis, et l'équation du second degré correspondante, la température de la
décomposition à volume constant serait

$$t = 2.750° \text{ environ.}$$

Enfin la pression développée serait onze fois aussi grande que la pression initiale, ce qui s'accorde suffisamment avec les résultats observés sous des pressions initiales de 21 kg., pressions assez fortes sans doute pour que le refroidissement produit par les parois puisse être négligé.

Pour des pressions moindres, le refroidissement intervient en abaissant les températures, dont la vitesse des réactions est fonction, et même fonction variant suivant une loi très rapide.

Ainsi, la durée de la décomposition de l'acétylène décroît rapidement, à mesure que la pression augmente, et cela non seulement à cause de l'influence moindre du refroidissement, mais aussi par l'effet de la condensation. Observons, d'ailleurs, que le rapport entre la pression initiale et la pression développée est calculée ici d'après les lois des gaz parfaits. Or, ce rapport doit s'élever de plus en plus au-delà de la limite précédente, quand les pressions initiales deviennent plus considérables, en raison de la compressibilité croissante du gaz ; celle-ci faisant croître la densité du chargement plus vite que la pression, à mesure que le gaz s'approche de son point de liquéfaction.

En même temps que la pression croît, la vitesse de la réaction augmente, celle-ci s'accélérant avec la condensation gazeuse, et l'on tend de plus en plus à se rapprocher de la limite relative à l'état liquide.

Ce sont là des relations générales, établies par les recherches de M. Berthelot et notamment par ses expériences sur la formation des éthers.

L'acétylène liquéfié en fournit de nouvelles véri-
fications.

Décomposition de l'acétylène liquide. — En effet,
la réaction se propage également bien dans l'acétylène liquide, même en opérant par simple ignition, au moyen d'un fil métallique incandescent.

Dans une bombe en acier de 48 cc. 96 de capacité chargée avec 18 gr. d'acétylène liquide (poids
évalué d'après le poids de charbon recueilli) on a
obtenu la pression considérable de 5564 kg. par
centimètre carré.

Cette expérience conduit à attribuer à l'acétylène
une force explosive de 9500, c'est-à-dire voisine de
celle du coton-poudre. La bombe renferme un bloc
de charbon, aggloméré par la pression, à cassures
brillantes et conchoïdales. Ce charbon ne renferme
que des traces de graphite.

La décomposition de l'acétylène liquide par ignition simple est relativement lente. Dans une expérience pour laquelle la densité de chargement était
voisine de 0,15, la pression maximum de 1500 kg.
par centimètre carré a été atteinte en 9 millièmes
de seconde. Le tracé recueilli sur un cylindre enre-
gistreur indique un fonctionnement statique de
l'appareil Crusher, en deux phases distinctes, l'une,
durant environ un millième de seconde (1 ms. 17)
élève la pression à 553 kg. ; la deuxième phase,
plus lente, conduit la pression à 1500 kg., au bout
de 9 ms. 410 en tout. Ces deux phases répondent,
probablement, l'une à la décomposition de la partie gazeuse, l'autre à celle de la partie liquide.

On a retrouvé les mêmes caractères de discontinuité dans plusieurs tracés, concernant la décomposition des mélanges gazeux et liquides.

Il résulte de ce qui précède que toutes les fois qu'une masse d'acétylène gazeuse ou liquide, *sous pression,* et surtout à volume constant, sera soumise à une action susceptible d'amener la décomposition de l'un de ses points, et, par suite, une élévation locale de température correspondante, la réaction sera susceptible de se propager dans toute la masse. Il reste à examiner dans quelles conditions cette décomposition en éléments peut être obtenue.

II. *Effets de choc.* — On a soumis au choc, obtenu soit par la chute libre du récipient, soit par l'écrasement au moyen d'un mouton, des récipients en acier de 1 litre environ, chargés, les uns d'acétylène gazeux comprimé à 10 atmosphères, les autres d'acétylène liquide, à la densité de 300 gr. au litre.

1° La chute réitérée de récipients tombant d'une hauteur de 6 m. sur une enclume en acier de grande masse n'a donné lieu à aucune explosion.

2° L'écrasement des mêmes récipients sous un mouton de 280 kg. tombant de 6 m. de hauteur, n'a produit ni explosion, ni inflammation, dans le cas de l'acétylène gazeux comprimé à 10 atmosphères.

Pour l'acétylène liquide, dans notre expérience, le choc a été suivi à un faible intervalle d'une explosion. Ce phénomène paraît attribuable, non à l'acétylène pur, mais à l'inflammation du mélange tonnant d'acétylène et d'air, formé dans l'instant qui suit la rupture du récipient. L'inflammation est déterminée sans doute par les étincelles que

produit la friction des pièces métalliques projetées.
Ce qui amène à cette opinion, c'est l'examen de la
bouteille (Fig. 9). En effet, elle a été rompue par le
choc, sans fragmentation ni trace de dépôt charbonneux, d'où il résulte que l'acétylène n'a pas été décomposé en ses éléments, mais qu'il a simplement
brûlé sous l'influence de l'oxygène de l'air.

Fig. 9

De semblables inflammations, consécutives à la
rupture violente d'un récipient chargé de gaz combustible, ont, du reste, été observées dans de nombreuses circonstances, et notamment dans certaines ruptures de récipients chargés d'hydrogène,
comprimé à plusieurs centaines d'atmosphères.

3° Une bouteille en fer forgé, chargée d'acétylène gazeux comprimé à 10 atmosphères, a subi
également sans explosion le choc d'une balle ani-
mée d'une vitesse suffisante pour perforer la paroi
antérieure et déprimer la seconde paroi.

4° Détonation par une amorce au fulminate. Une bouteille de fer, chargée d'acétylène liquide, a été munie d'une douille mince, permettant d'introduire une amorce de 1 gr. 5 de fulminate de mercure, au milieu du liquide. Le tout a détoné avec violence, par l'inflammation de l'amorce. La fragmentation de la bouteille présentait les caractères observés dans l'emploi des explosifs proprement dits. C'est ce que montre la fig. 10. Les débris sont recouverts de carbone provenant de la décomposition de l'acétylène en ses éléments.

Fig. 10

III. *Effets calorifiques*. — Plusieurs causes d'élévation de température locale paraissent devoir être signalées dans les opérations industrielles de préparation ou d'emploi de l'acétylène.

1° La première résulte de l'attaque du carbure de calcium en excès par de petites quantités d'eau dans un appareil clos.

Il y a lieu dès lors de redouter dans la réaction

de l'eau sur le carbure des élévations de température locales, susceptibles de porter quelques points de la masse à l'incandescence ; l'ignition de ces points suffisant, d'après les expériences que nous venons d'exposer, pour déterminer l'explosion à toute la masse du gaz comprimé

L'élévation locale de la température ainsi provoquée, peut d'ailleurs développer des effets successifs.

2° D'autres causes de danger, dans les opérations industrielles, peuvent résulter des phénomènes de compression brusque, lors du chargement des réservoirs de gaz ; ainsi que des phénomènes de compression adiabatique, qui accompagnent l'ouverture brusque d'un récipient d'acétylène sur un détendeur, ou sur tout autre réservoir de faible capacité. On sait, en effet, qu'il a été établi par des expériences effectuées sur des bouteilles d'acide carbonique liquide, munies de leur détendeur, que l'ouverture brusque du robinet détermine, dans ce détendeur, une élévation de température susceptible d'entraîner la carbonisation de copeaux de bois, placés dans son intérieur. Dans le cas de l'acétylène, des températures de cet ordre pouvaient entraîner une décomposition locale, susceptible de se propager, dans le milieu gazeux maintenu sous pression, et jusqu'au réservoir.

3° Un choc brusque, dû à une cause extérieure capable de rompre une bouteille, ne paraît pas de nature à déterminer directement l'explosion de l'acétylène. Mais la friction des fragments métalliques les uns contre les autres, ou contre les objets extérieurs, est susceptible d'enflammer le mélange tonnant, constitué par l'acétylène et l'air, mélange formé consécutivement à la rupture du récipient.

Explosivité de l'acétylène. — Mélanges explosifs d'air et d'acétylène.

Comparaison avec le gaz d'éclairage. — C'est M. le Dr Gréhant qui nous fournit sur ce sujet les dernières recherches les plus intéressantes.

Il a opéré dans des tubes à essai de 5o cm³ et de 9o cm³.

L'inflammation du mélange gazeux était produite par un excitateur à fil de platine porté au rouge par une batterie d'accumulateurs.

Pour l'acétylène, il se servait de tubes de 5o cm³ et de 1 cm. 4 de diamètre ; pour le gaz d'éclairage les tubes plus grands avaient 9o cm³ et 2 cm. 4 de diamètre.

Voici le résultat de ces belles expériences :

Acétylène			Gaz d'éclairage		
Acét. Vol.	Air Vol.	Observations	Gaz Vol.	Air Vol.	Observations
1	1	Brûle flamme fuligineuse			
1	2	—	1	1	Ne brûle pas
1	3	Détonation, dépôt de charbon	1	2	—
1	4	Détonation plus forte sans dépôt	1	3	Détone
1	5	Forte détonation	1	4	Détone un peu plus
1	6	—	1	5	Forte détonation
1	7	Très forte détonation	1	6	—
1	8	--	1	7	Détonat. moins forte
1	9	Coke brisé	1	8	—
1	10	Forte détonation	1	9	Détonation moindre
1	11	—	1	10	—
1	12	—	1	11	Faible détonation
1	13	Déton. un peu moins forte	1	12	Plus d'inflammation
1	14	—			
1	19	Faible détonation			
1	20	Inflammation sans détonation			
1	25	—			

Il résulte de ceci que les détonations avec l'acétylène sont plus violentes qu'avec le gaz d'éclairage.

Il faudra donc prendre, dans l'emploi de l'acétylène comme agent d'éclairage et de chauffage, des précautions spéciales pour éviter les fuites, qui seront évidemment moins grandes que pour le gaz d'éclairage.

Il faut donc se défier des mélanges explosifs que l'acétylène donne avec l'air : celui qui produit la plus forte détonation est le mélange d'un volume d'acétylène et de 9 volumes d'air.

M. Gréhant a fait l'expérience suivante :

Dans un tube à parois minces de 0 mm. 5 d'épaisseur, 26 cm. de long et 2 cm. 5 de diamètre, il a introduit 8 cm³8 d'acétylène pur et 88 cm³ d'air, volumes dont le rapport est 1/9 ; le tube à essai fermé par un excitateur à fil de platine et fixé dans un support spécial a été immergé, dans un bocal plein d'eau recouvert d'une planche et d'un poids de 10 kg. ; le passage du courant a déterminé une explosion violente qui a brisé le tube et enlevé la planche et le poids.

Propriétés physiques particulières à l'acétylène

Le gaz est incolore ; il possède quand il est pur et sec une odeur spéciale, rappelant de très loin l'odeur de l'ail ; cette odeur n'est même pas désagréable, en ce sens qu'elle n'est ni âcre ni corrosive.

Lorsque le gaz acétylène est chaud et humide, son

odeur devient infecte car il contient alors des produits spéciaux de polymérisation.

Certains carbures fabriqués avec des chaux contenant du phosphate de calcium, donnent à la décomposition avec l'eau quelques composés phosphorés. Ceci est rare; mais alors l'acétylène présente franchement une odeur de phosphure rappelant tout à fait l'odeur de l'ail.

Généralement les carbures fondus et cristallisés sont presque purs et le gaz qu'ils produisent est absolument pur et dépourvu de tout gaz étranger.

Cette odeur tend à révéler sa présence assez facilement, car si elle n'est pas absolument désagréable, elle est tout à fait spéciale et ne tarde pas à attirer l'attention.

Cela permet d'éviter des mélanges explosifs et elle a l'avantage énorme de fatiguer la respiration et les fonctions vitales avant qu'il y ait du danger pour l'organisme, comme nous allons le voir maintenant.

Toxicité de l'acétylène

En effet, l'acétylène est doué d'une certaine toxicité. Le Dr Gréhant, professeur de physiologie générale au Museum d'histoire naturelle, a entrepris sur ce sujet une série d'études fort intéressantes. Nous avons nous-mêmes fait quelques expériences qui corroborent celles de M. Gréhant.

Avant ces études, l'opinion qui régnait dans la science, c'est que l'acétylène n'est point toxique :

des expériences faites il y a trente ans, par Berthelot, en collaboration de Claude Bernard, avaient fourni des résultats négatifs. Des oiseaux auxquels ils avaient fait respirer de l'air mélangé à quelques centièmes d'acétylène pur, n'avaient point paru en souffrir d'une manière notable.

En 1887, M. Brociner a donné une thèse soutenue à l'École de Pharmacie, sur la toxicité de l'acétylène. Il opérait sur des cobayes.

L'animal était placé sous une cloche d'un volume de trois litres et demi, portant une tubulure à la partie supérieure, et ajustée sur une platine de verre munie d'une ouverture. Le mélange gazeux, préparé dans le gazomètre du Dr de Saint-Martin, entrait par le robinet de la tubulure supérieure, et sortait par l'ouverture de la platine, de sorte que l'animal respirait un air toujours renouvelé.

Voici quels sont les mélanges dans lesquels M. Brociner opère :

Air	Acétylène
99	1
95	5
90	10
80	20
50	50

Les animaux n'ayant pas succombé, même au bout de plusieurs heures, M. Brociner en conclut que l'acétylène n'a qu'une toxicité extrêmement faible.

MM. Malvoz et Crismer, après avoir préparé de l'acétylène par la méthode de Maquenne (on ne connaissait que celle-là à cette époque), l'ont essayé sur un cobaye. Ils ont pu le laisser dans une atmosphère de 50 o/o d'acétylène sans observer la moindre intoxication. Si l'atmosphère n'est pas renouvelée, l'animal finit par succomber.

Or l'animal est mort au bout de une heure vingt minutes, ce qui arrive presque aussi rapidement dans une atmosphère non renouvelée d'air ordinaire.

MM. Crismer et Malvoz ajoutent :

« Il résultait de nos observations que l'acétylène ne pouvait être considéré comme un gaz toxique au vrai sens du mot et qu'en tout cas, il n'y avait pas la moindre assimilation à établir entre le sang d'un animal ayant respiré l'acétylène et le sang oxycarboné.

« L'acétylène, évidemment, est irrespirable, tout comme l'azote, l'hydrogène, mais on ne peut prétendre qu'il produit l'empoisonnement des animaux à la suite de combinaisons du genre de l'oxycarbo-hémoglobine. »

Ils admettent donc, comme M. Brociner, que l'acétylène n'est point toxique. Ce dernier, antérieurement aux savants belges, indiquait les conclusions suivantes :

1° Le sang dissout environ les 80 centièmes de son volume d'acétylène.

2° L'examen spectroscopique du sang chargé d'acétylène, ne révèle rien de particulier ; cette solution, se compose exactement comme le sang oxygéné normal, et se réduit de la même façon et avec la même vitesse sous l'influence du sulfhydrate d'ammoniaque.

3° Sous l'influence du vide, le sang perd l'acétylène qu'il contient ; la plus grande partie du gaz
se dégage à froid, mais il est nécessaire de chauffer
vers 60° pour extraire la totalité.

Expériences du Dr Gréhant

M. Gréhant, dans ses longues recherches sur l'empoisonnement par l'oxyde de carbone, avait remarqué que les rongeurs, lapins, cobayes, etc., sont
beaucoup plus réfractaires à l'action de ce gaz que
les carnassiers. Il faut en effet, 1/60 d'oxyde de carbone dans l'air pour tuer un lapin en moins d'une
heure, et une dose quatre fois moindre, suffit pour
tuer un chien.

Il a pensé que de pareilles différences pourraient
exister avec l'acétylène, il a alors expérimenté sur
des chiens et des oiseaux (pigeons).

Préparation d'un mélange titré. — Les mélanges
d'acétylène et d'air, pouvant détoner avec facilité,
M. Gréhant, s'est bien gardé de les composer dans
l'intérieur de son laboratoire.

Pour obtenir l'acétylène, il s'est servi d'une potiche à mercure en fer forgé ayant un diamètre de
4 centimètres. On y introduit 500 gr. de carbure
de calcium concassé ; on ferme l'ouverture de la
potiche par un bouchon en caoutchouc à deux
trous traversés par un entonnoir métallique à robinet et par un tube abducteur uni à un barboteur
de Cloez contenant de l'eau pour régler le dégagement. On remplit d'eau l'entonnoir métallique et,

à l'aide du robinet, on fait pénétrer le liquide peu à peu sur le carbure ; le dégagement de l'acétylène commence aussitôt ; on recueille un peu de gaz dans un tube à essai ; quand le gaz brûle avec une flamme fuligineuse et dépôt de noir de fumée sans détonation il est pur et on le recueille dans le gazomètre.

Pour vérifier plus exactement la pureté du gaz, on emploie son réactif absorbant, le protochlorure de cuivre ammoniacal que l'on prépare de la manière suivante : on verse une solution chlorhydrique d'oxydule de cuivre dans un verre à expérience, plein d'eau. L'eau précipite l'oxydule de cuivre en blanc qui se réunit au fond du verre ; il se décompose très rapidement au contact de l'oxygène de l'air ; il faut alors décanter l'eau rapidement et dissoudre immédiatement le précipité blanc dans une solution ammoniacale. On bouche à l'émeri après avoir rempli le flacon de copeaux de cuivre ; le réactif versé dans un tube à essai est introduit dans une cloche graduée pleine d'acétylène ; si le gaz est pur, il est absorbé complètement et il y a formation d'acétylure de cuivre.

Quand on ajoute de l'air à l'acétylène dans le gazomètre, on diminue la proportion relative de l'oxygène. M. Gréhant a alors ajouté à un volume mesuré d'acétylène, de l'air et de l'oxygène, de manière à obtenir un mélange contenant une proportion d'acétylène et 20,8 d'oxygène comme l'air pur, le reste était de l'azote. Le calcul montra que, pour obtenir un mélange à 40 o/o d'acétylène, il faut recueillir dans 1 gazomètre 40 litres d'acétylène, puis ajouter 10 l. 5 d'oxygène pur, et 49 l. 5 d'air, ce qui fait 100 litres de mélange.

Empoisonnement d'un chien par un mélange à 40 o/o d'acétylène.

A l'aide d'une muselière de caoutchouc et de soupapes métalliques permettant l'inspiration et l'expiration, on fait respirer à un chien du poids de 11 kilog. le mélange gazeux ; aussitôt l'animal s'agite ; au bout de 7 minutes, l'agitation est très vive ; on recueille du gaz expiré dans une cloche, et on approche une bougie allumée de cette cloche, loin du gazomètre; une forte détonation a lieu.

Au bout de 51 minutes, après le début de l'expérience, le chien étend simultanément les quatre pattes, les mouvements respiratoires s'arrêtent, l'animal meurt.

Empoisonnement d'un oiseau par un mélange à 40 o/o.

On place un pigeon sous une cloche de verre, sur une platine additionnelle de machine pneumatique, et on fait circuler rapidement dans la cloche un mélange d'air et d'acétylène à 40 o/o.

33 minutes après, l'oiseau présente de la somnolence, avec occlusion fréquente des paupières.

1 h. 5 m. après, le pigeon est couché, endormi, les paupières sont fermées.

1 h. 11 m., occlusion persistante des paupières, mouvements respiratoires lents ; point d'agitation, sommeil profond.

1 h. 16 m., mouvements d'ouverture du bec ; respiration difficile.

1 h. 21 m., arrêt de la respiration ; mort.

Ces expériences montrent que le gaz acétylène est toxique à toute dose.

Ce gaz semble être, d'après le Dr Grehant, à peu près aussi toxique que l'acide carbonique qui tue les animaux comme l'a montré Paul Bert, lorsqu'on emploie des mélanges à 40 ou 45 o/o ; il est beaucoup moins dangereux que l'oxyde de carbone et par suite, que le gaz de houille.

Toutefois, dit M. Grehant, si dans la pratique, il sera extrêmement rare que l'homme soit exposé à respirer un mélange d'air et d'acétylène à 30 ou 40 o/o, des quantités bien moindres de ce gaz pourront cependant être nuisibles en diminuant la proportion relative de l'oxygène dans l'air et en exerçant peut-être une influence fâcheuse sur l'exhalation normale de l'acide carbonique par les poumons.

Élimination de l'acétylène après un empoisonnement partiel.

M. Gréhant a fait respirer à un chien, pendant 1/4 d'heure, un mélange d'air, d'oxygène et de 40 o/o d'acétylène ; l'animal a fait circuler dans ses poumons 86 litres de mélange.

On a fait dans l'artère carotide quatre prises de sang, de dix minutes en dix minutes ; chaque échantillon, dont le volume était égal à 10 centimètres cubes, a été injecté dans un ballon récipient vide uni à la pompe à mercure, et on a extrait chaque fois les gaz du sang ; on a obtenu ainsi quatre cloches de gaz qui ont été analysées : l'acide carbonique ayant été absorbé par la potasse, M. Gréhant a fait passer le gaz restant dans son grisoumètre. Le gaz extrait du premier sang recueilli à la fin de l'empoisonnement partiel a donné une réduction égale à 47,6 divisions du grisoumètre. Or, un centimètre cube d'acétylène donne une réduction égale à 22,8 divisions ; ainsi 10 cm^3 de sang renfermant 2 cm^{3}08 d'acétylène et 100 cm^3 de sang contenaient 20 cm^{3}8 d'acétylène.

Le tableau suivant indique les résultats obtenus :

	Réduits au grisoumètre	Acétylène dans 100 cm^3 de sang.
Sang 1	47,6 divisions	20,8
Sang 2	3,5 —	1,5
Sang 3	1,4 —	0,6
Sang 4	0,9 —	0,4

Au bout de 30 minutes, l'acétylène introduit dans le sang par un empoisonnement partiel est presque complètement éliminé, puisque le quatrième échantillon de sang contient 52 fois moins de gaz combustible que le sang pris à la fin de l'empoisonnement.

Comme application pratique indiquée par M. Gréhant, et que j'ai d'ailleurs employée, il faut respirer de l'air pur ne contenant aucune trace de gaz, dès que l'on est atteint d'un empoisonnement partiel.

L'acétylène est beaucoup moins toxique que l'oxyde de carbone.

Ceci se vérifie par expérience. Elle démontre en même temps que l'acétylène est simplement dissous dans le plasma du sang, alors que l'oxyde de carbone est fixé par l'hémoglobine.

Voici cette dernière expérience du Dr Gréhant.

Il compose dans un gazomètre un mélange de 20 o/o d'acétylène, air à 28,8 d'oxygène, mélange auquel on ajoute 1/500 d'oxyde de carbone pur.

On fait respirer ce mélange à un chien ; après 4 minutes, l'animal reste très calme ; après 14 minutes, un mouvement d'agitation a lieu ; l'animal se plaint ; après 30 minutes, 70 litres de mélange ont circulé dans les poumons ; on fait une prise de 20 cm³ de sang artériel rouge vif qui est injecté dans un récipient vide, maintenu à 37° ; on obtient après la manœuvre de la pompe :

	Cent. cube
Gaz	16,4
Potasse . . .	6,4
CO²	10

On fait passer dans le grisoumètre le gaz restant, 6 cm³4 et on obtient 8 cm³6 d'acétylène pour 100 c³ de sang.

Dans le même récipient qui renfermait du sang d'un rouge vif (oxycarboné) on introduit 40 cm³ d'acide acétique à 8° et on fait bouillir au bain-marie :

Gaz obtenu. .	3 cm³3
Potasse . . .	3 cm³

Ce résidu gazeux additionné d'air a donné dans le grisoumètre une réduction de 13,7 due à la présence de l'oxyde de carbone, réduction correspondant à 1 cm³8 de ce gaz dont le volume dans 100 centimètres cubes de sang était égal à 9 centimètres cubes.

On voit donc que dans un empoisonnement mixte par l'acétylène et l'oxyde de carbone, on peut, d'après les procédés Gréhant, séparer le premier gaz qui était simplement dissous dans le plasma du sang, du second gaz qui était combiné avec l'hémoglobine.

Des proportions aussi différentes que 20 o/o d'acétylène et 0,2 o/o d'oxyde de carbone, qui sont entre elles comme 100 et 1, ont introduit dans le sang des volumes à peu près égaux des deux gaz ; 8 cm³6 d'acétylène et 9 cm³ d'oxyde de carbone.

Tels sont les remarquables travaux de M. Gréhant sur la toxicité de l'acétylène.

Bistrow et Liebreich avaient montré que l'acétylène est un poison quand il est absorbé en assez fortes proportions, car, disaient-ils, il se combine avec l'hémoglobine du sang pour donner un composé stable ressemblant à l'oxyde de carbone, mais beaucoup moins stable et se décomposant par le sulfhydrate d'ammoniaque.

Il est possible que ces expérimentateurs, en préparant leur acétylène, à l'aide de l'acétylure cuivreux, aient obtenu un gaz contenant de l'oxyde de carbone. Or, M. Villard s'exprime ainsi dans une communication à l'Académie des sciences du 10 juin 1895 sur les propriétés physiques de l'acéty-

lène : « Enfin, je dois signaler ce fait, que l'acétylène provenant de l'acétylure cuivreux noircit la
potasse fondue, il n'en est pas ainsi avec le gaz
fourni par le carbure de calcium. »

Ceci étant, une foule d'hypothèses deviennent
admissibles. On peut supposer par exemple que ce
produit noir obtenu par l'action de la potasse est
du cuivre, ce qui expliquerait, en quelque sorte,
l'action particulière du sulfhydrate d'ammoniaque
sur la combinaison avec l'hémoglobine. On peut
admettre aussi que ce composé noir résulte de la décomposition d'un produit organique, lequel consti-
tuerait le corps toxique.

J'ajouterai que depuis plusieurs mois, nous avons
manipulé avec d'autres personnes des quantités
importantes d'acétylène et nous n'avons jamais
ressenti le moindre malaise.

On peut donc affirmer que la toxicité de l'acétylène, quoique existante, est beaucoup moindre qu'on
ne l'avait supposé tout d'abord.

Liquéfaction de l'acétylène. — Propriétés de l'acétylène liquide.

La liquéfaction de l'acétylène peut présenter un
certain intérêt dans quelques cas.

Je me déclare absolument opposé à l'emploi de
l'acétylène liquide dans les habitations particulières.

Autre chose serait l'emploi de l'acétylène comprimé pour l'éclairage des voitures de chemins de

fer, comme je le montrerai plus spécialement au chapitre de l'éclairage.

Je dirai plus, l'emploi de l'acétylène liquide ne peut présenter un intérêt pour le transport de la force motrice ; il est cependant évident que ce gaz possédant une puissance calorifique de 14.000 calories est un excellent agent de force motrice.

Le carbure de calcium pur qui produit l'acétylène pur est lui seul un excellent moyen de transport de force.

Le Dr Frank, de Charlottenbourg, a fait à ce sujet une étude très intéressante que je vais relater. Mais avant je donnerai quelques indications sur la liquéfaction et sur l'acétylène liquide lui-même.

Les premiers essais qui aient été faits sont ceux de Cailletet ; on les trouvera résumés dans les *Comptes rendus de l'Académie des sciences,* 88, 881. Ce savant avait montré que l'acétylène ne suit pas la loi de Mariotte et qu'il fallait 83 atmosphères pour le liquéfier à la température ordinaire, en formant un liquide très réfringent et plus léger que l'eau. Mais dernièrement M. Andrew a montré qu'il n'était pas nécessaire d'avoir une bien grande pression pour le liquéfier et à 20° il suffirait de 39 atmosphères 76.

Sa densité serait à ce moment de 0,50.

Voici la densité à différentes températures :

Densité à	— 7° C.	460 gr. par litre.
	+ 0°	451 —
	16°4	420 —
	35°8	364 —

En comparant sa liquéfaction à celle de l'acide carbonique, on remarque une grande ressemblance.

C^2H^2		CO^2	
Température	Pression	Température	Pression
— 82	1	— 81	1
— 30	9	— 30	12,7
— 23	11,01	— 20	19,93
— 10	17,06	— 10	26,76
0	21,53	0	35,40
5	25,48	5	40,47
13	32,77	14	52,17
20	39,76	20	58,84

M. Villard a donné les propriété élastiques de ce gaz.

Température en degrés C.	Pression en atmosphères	Observations
— 90	0,69	Etat solide
— 85	1,00	—
— 81	1,25	Point de fusion
— 70	2,22	Etat liquide
— 60	3,55	—
— 50	5,3	—
— 40	7,7	—
— 23,8	13,2	—
0	26,5	—
+ 5,8	30,3	—
+ 11,5	34,8	—
+ 15	37,9	—
+ 20	42,8	—
+ 37	68,0	Pression critique

Enfin M. Pictet a donné le tableau des tensions des vapeurs d'acétylène liquéfié et chimiquement pur, par rapport aux températures.

Température en degrés centigrades	Pressions en atmosphères
1°6	21,5
9°5	27
14°1	29
19°5	33,5
27°6	38,5
36°5	48
47°	68

Pour la densité, ce dernier auteur donne le chiffre de 330 gr. par litre de capacité, probablement à la température ordinaire.

Nous nous en tiendrons aux chiffres de M. Andrew. Dans ces conditions, un mètre cube d'acétylène liquide occupe un volume égal à deux litres environ.

Malgré cela, comme je l'ai dit au commencement, M. Franck démontre qu'il est moins pratique de transporter l'acétylène liquide que le carbure de calcium, lui-même.

En effet, un mètre cube d'acétylène liquéfié occupe environ deux litres ; or ce même volume représente un poids de carbure de 4 k. 44, puisque la densité du carbure de calcium est de 2,22 (1).

Ces 4 k. 44 donneront 1 m³ 500 d'acétylène avec un rendement de 340 litres au kilogramme.

Pour produire le même volume de gaz acétylène, il faut donc un volume de carbure presque moitié moindre, car la place occupée par les parois du vase qui le contient est négligeable en comparaison du volume.

(1) Historique. Note de M. H. Moissan.

Au contraire, l'acétylène liquide exige, à cause des bouteilles qui le renferment, beaucoup plus d'espace pour son transport que le carbure lui-même.

D'ailleurs, nous verrons que la transformation du carbure en gaz est simple et ne présente aucun danger.

Si, d'ailleurs, on compare le poids et le volume du charbon, de l'acétylène liquide, et celui du carbure de calcium employés comparativement pour une machine marine de 1000 chevaux pendant 25 jours, on obtient les résultats suivants :

1° Charbon.

600.000 chevaux-heure exigeront o k. 700 par cheval-heure, soit 413 tonnes de charbon, occupant un volume quand ils sont en soute de 420 m³.

2° Acétylène liquide.

D'après les résultats de MM. Ihering et Slaby, il faut environ o k. 181 par cheval-heure pour les grandes machines, soit 106 tonnes pour les 600.000 chevaux. Nous avons vu que la densité de 451 à o° C. correspond à 364 à 35°8 (environ la température des soutes), et alors 106 tonnes occuperont un volume dans leur récipient de 266 à 296 m³ et cela sans tenir compte de l'épaisseur des parois à donner pour 40 atmosphères.

3° Carbure de calcium.

Il faut environ 295 tonnes occupant une place de 129 m³, ou, suivant les caisses dans lesquelles seraient enfermés les blocs, environ 148 m³.

Il faut alors pour fournir pendant 25 jours une puissance de 1000 chevaux à la machine :

413 t. de charbon de 420 m² de volume.

106 t. d'acétylène liquide de 296 m³

295 t. de carbure de calcium de 148 m³.

De plus, disons en passant que le charbon exige une chaudière qui est une dépense double à cause de l'entretien ; l'acétylène liquide exige des réservoirs solides et résistants, alors qu'avec le carbure de calcium un simple appareil suffit.

Quant à la liquéfaction en elle-même, la chose est relativement facile puisque le gaz se liquéfie avec la seule pression que produit son propre dégagement.

M. Bullier a donné divers appareils pour fabriquer de l'acétylène comprimé et de l'acétylène liquide. Le procédé de liquéfaction de l'acide carbonique peut à la rigueur s'employer.

MM. Dickerson et Suckert ont donné un procédé et un appareil dont voici la description : (fig. 11)

L'appareil a pour but de rendre régulier et continu le dégagement du gaz qui, au fur et à mesure de sa liquéfaction, est introduit dans les bouteilles servant au transport.

Pour assurer cette liquéfaction, il faut d'abord purger l'acétylène de l'air, des gaz condensables et de l'eau entraînée.

Le carbure de calcium est introduit dans deux des générateurs en fer forgé AA' qui portent des orifices de chargement 11' et de vidange 22' et qui sont placés dans les bâches BB' où circule un courant continu d'eau froide.

L'eau servant à la réaction arrive sur le carbure dans le générateur par la rampe 33. Elle est amenée par les robinets 18 et 18' graduellement ouverts. L'acétylène mêlé de vapeur d'eau se dégage

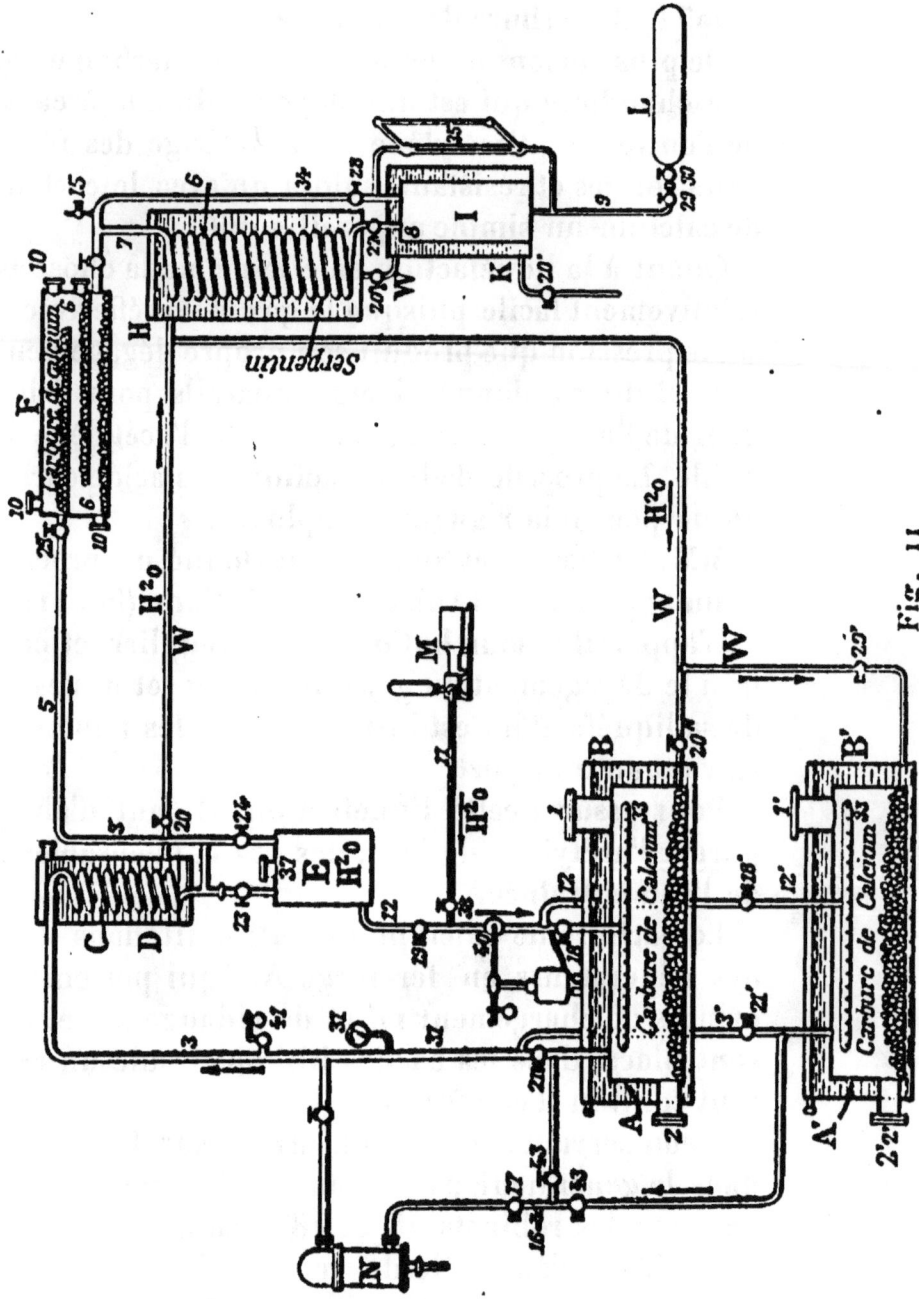

Fig. 11

par le tube 3, arrive dans le serpentin C, refroidi
par un courant d'eau froide contenue dans la bâche
D. L'eau de condensation de la vapeur se rend par
le tube 4' dans le réservoir d'eau E et le gaz qui s'en
sépare passe par les tubes 4 et 5, dans le dessiccateur F, à l'intérieur duquel sont des tablettes 6 à
larges surfaces, recouvertes de carbure de calcium.
Les dernières traces d'humidité entraînées par l'a-
cétylène sont absorbées par ce carbure.

Du dessiccateur, le gaz arrive dans le condenseur
G où il se liquéfie ; il est recueilli dans le récipient
I, entouré du réfrigérant K, et est de là, amené par
le tuyau 29 dans la bouteille I.

On commence par remplir de carbure le générateur A ou A' et le dessiccateur F. Quand les orifices
de chargement ont été bien bouchés, on fait circuler l'eau froide dans les réfrigérants en ouvrant
les robinets 20 20¹ 20² 20³ 20⁴ 20⁵ des tuyaux W. On
ferme d'abord les robinets de purge 15 et 16, le robinet d'échappement 14, les robinets de conduite
auxiliaire 42 et 43 et les robinets d'écoulement 18
et 18'.

Tous les autres robinets sont ouverts, et la bouteille I est enlevée.

On comprime l'eau devant servir à la réaction au
moyen de la pompe M et on envoie cette eau par les
tuyaux 11 et 12, et le robinet 19 dans le réservoir E.

Pour une charge de 45 kg. de carbure dans le générateur A, il faut 255 litres d'eau dans le récipient
E. On ouvre alors graduellement le robinet 18 : l'eau
se répand sur le carbure par la rampe 33. L'acétylène dégagé traverse tout l'appareil et chasse l'air
par le tuyau 9 fixé au fond du récipient I.

Quand l'expulsion de l'air est complète, on ferme le robinet 29 du tuyau 9 et on règle l'ouverture du robinet 18 de manière que la pression du gaz donné par l'écoulement continu de l'eau soit suffisante pour produire la liquéfaction. Le robinet 40 sert à régulariser le débit de l'eau et à réaliser une pression uniforme.

Le gaz qui a échappé à la liquéfaction dans le récipient I, revient par le tuyau 34 au condenseur G. On se rend compte du commencement de la liquéfaction par l'examen du manomètre et par la température indiquée au manomètre 36.

Pour que l'opération soit continue, on emploie deux générateurs AA¹. Pendant que le gaz est produit avec l'un d'eux, on prépare le second pour que la marche de l'appareil ne subisse pas d'interruption.

Ce procédé est simple, il est surtout économique. Comme on le voit, l'acétylène se liquéfie sous sa propre pression.

C'est d'ailleurs le système qui a été employé dès le début par M. Bullier qui a comprimé puis liquéfié l'acétylène. Ses appareils ont été construits par la maison Wiesnegg; ce sont certainement les plus simples; mais ils sont plus spécialement construits en vue de l'éclairage des voitures de chemins de fer.

Ils ont aussi l'avantage de pouvoir fabriquer de l'acétylène à toutes les pressions.

Nous représentons en coupe verticale le système de l'appareil générateur. (Fig. 12)

Il se compose d'un cylindre métallique a, en tôle d'acier par exemple, dont l'épaisseur et la résistance sont déterminées d'après l'usage auquel le générateur sera destiné.

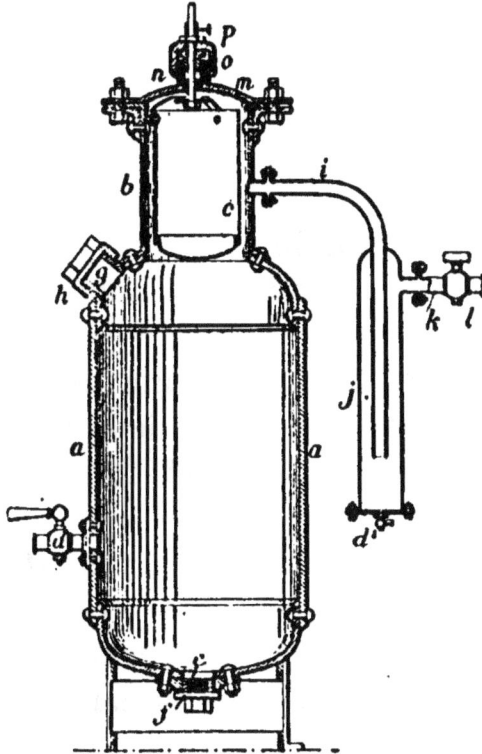

Fig. 12

Ce cylindre *a* est surmonté d'un autre cylindre *b*, d'un diamètre plus petit, capable de contenir le panier perforé *c*, dans lequel est placé le carbure de calcium qui doit produire le gaz.

Le cylindre *a* présente en outre un robinet purgeur *d*, un trou de vidange *e*, fermé par un bouchon à vis *f*, et à sa partie supérieure, une tubulure *g*, fermée également par un bouton à vis *h*.

Sur ce cylindre est branchée la conduite *i*, qui débouche dans le dessiccateur *j*, et sur ce dernier

vient s'adapter la conduite *k* qui aboutit au gazomètre.

Un robinet *l* disposé sur cette conduite *k* permet
d'établir et de fermer la communication entre le
dessiccateur et le gazomètre.

Le dessiccateur porte en outre un robinet purgeur *d'*.

Le cylindre *b* est fermé à sa partie supérieure par
un couvercle boulonné et traversé en son centre
par la tige *n* qui supporte le panier *c*.

Cette tige, que l'on peut à volonté faire monter
ou descendre, est maintenue en position par le
presse-étoupes *o* et à l'aide de la vis de serrage *p*.

L'appareil ainsi disposé fonctionne comme il
suit :

Le robinet *d* et le bouchon *f* étant fermés, le couvercle *m* et le bouchon *h* enlevés, le cylindre *a* est
rempli d'eau ; on place ensuite le couvercle *m*, qu'on
boulonne avec soin et le panier *c*, dans lequel on a
placé la quantité de carbure de calcium qu'on a
jugé convenable pour le volume de gaz à produire,
vient occuper, ainsi que le montre la figure, l'espace qui lui est réservé à la partie supérieure de
l'appareil à l'intérieur du cylindre *b*.

Le robinet *l* étant fermé, on introduit par la tubulure *g*, qui est ouverte, quelques morceaux de
carbure de calcium, en ayant soin de placer rapidement le bouchon *h* et d'ouvrir le robinet *d*.

L'acétylène, qui prend immédiatement naissance
à la suite de la réaction du carbure de calcium sur
l'eau, refoule, par le robinet *d*, l'eau contenue dans
le cylindre *a* et au moment où le niveau du liquide

atteint le robinet *d*, ce dernier est fermé, l'appareil est alors prêt à fonctionner (voir le dessin).

Il suffit de descendre le panier *c* en faisant glisser la tige *n* dans le presse-étoupe *o*, à une hauteur convenable pour que l'attaque commence, et d'ouvrir le robinet *l*.

L'acétylène mis en liberté s'échappe par la conduite *i*, traverse le dessiccateur *j* au fond duquel l'eau se rassemble, et est ensuite amené au gazomètre par le conduit K.

On peut placer dans le dessiccateur une matière propre à absorber l'eau.

L'appareil tel que je viens de le décrire ne présente pas tous les avantages qu'on est en droit d'exiger de lui.

Il est bien certain en effet que si, sans épuiser tout le carbure de calcium contenu dans le panier, on retire ce dernier de l'eau, la production de gaz cesse bientôt malgré l'humidité de l'atmosphère qui l'entoure. Cet effet paraît dû à ce que sous l'action de l'humidité, le carbure de calcium donne naissance à de l'acétylène, lequel en se combinant avec l'eau produit un hydrate d'acétylène solide qui se dépose à la surface du carbure et le protège contre toute décomposition ultérieure. Il résulte de ce fait que, si l'on veut arrêter la marche de l'appareil, il suffit d'amener le panier de carbure hors de l'eau, sans avoir à craindre un dégagement ultérieur de gaz produisant un excès de pression appréciable.

Comme nous le verrons plus loin, il est important que la décomposition du carbure de calcium se fasse toujours en présence d'un excès d'eau, afin que l'élévation de température ne donne pas de produits de polymérisation.

Il est nécessaire, au point de vue pratique, d'adjoindre aux générateurs d'acétylène des dessiccateurs réfrigérants destinés non seulement à dessécher l'acétylène, mais à abaisser sa température au-dessous de 20°C environ.

M. Bullier a réalisé des dispositifs applicables à son système d'appareil générateur décrit précédemment en vue d'obtenir ce double résultat.

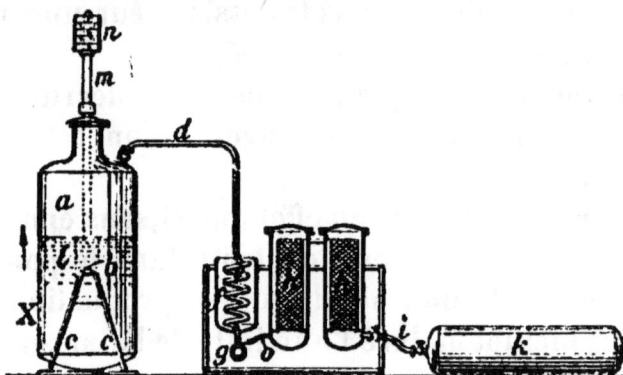

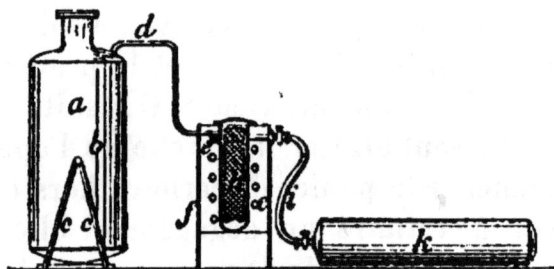

Fig. 13 et 14

La fig. 13 représente une vue d'ensemble d'une première disposition de générateur avec dessiccateur.

La fig. 14 montre une vue analogue d'une disposition modifiée remplissant le même but. *a* est le générateur d'acétylène monté au moyen de tourillons *b* sur un bâti ou support *c*. Ce générateur est disposé comme celui qui a été décrit précédemment.

Dans la disposition de la fig. 13, le gaz sortant du générateur par le tuyau *d* traverse d'abord un serpentin *e* placé dans un récipient *f* contenant de l'eau ou un corps réfrigérant quelconque.

L'eau entraînée par le gaz se condense en *g* et le gaz sortant par le tube *o* traverse alors deux capacités *h* remplies de coton de verre ou de tout autre corps destiné à filtrer le gaz et à arrêter l'eau qu'il a pu entraîner mécaniquement. Cette matière filtrante peut être remplacée par une série de chicanes ou de tôles perforées formant obstacle à la circulation du gaz.

Enfin, dans le cas où l'on voudrait dessécher complètement l'acétylène en lui enlevant son eau hygrométrique, on peut faire suivre les capacités *h* d'un troisième récipient où le gaz rencontrerait une substance déshydratante quelconque, de la chaux vive par exemple.

L'acétylène arrive ensuite par le tuyau *i* au cylindre *k* où il est emmagasiné.

Dans l'appareil fig. 2, on voit également en *a* le générateur, en *b* ses tourillons et en *c* son support, mais le gaz qui s'échappe par le conduit *d* traverse d'abord le dessiccateur *h* avant d'arriver au serpentin *e* pour se rendre par le tuyau *i* au cylindre *k*.

Ces appareils sont usités surtout dans la compression de l'acétylène. On vend des réservoirs d'acétylène comprimé à 8 kilos qui peuvent alimenter pendant plusieurs heures une série de becs.

Comme nous l'avons vu, d'après les expériences de MM. Berthelot et Vieille, le choc ne produit pas la détonation de l'acétylène ; il ne peut arriver simplement que des déchirements amenant le départ et l'inflammation du gaz.

Hâtons-nous de dire que dans le cas où la compression ou bien la liquéfaction se font sur le dégagement lui-même du gaz, il faut avoir bien soin de mettre un réfrigérant autour de la chambre de réaction du carbure.

Dans le cas contraire alors, on s'exposerait certainement à de graves mécomptes et le carbure de calcium venant à rougir pourrait amener la décomposition de la masse entière et une explosion violente pourrait ainsi se produire, d'autant plus forte qu'avec l'acétylène liquide ce mécanisme peut amener à des pressions effrayantes, environ 5.000 à 6.000 kilogrammes, comme nous l'avons vu précédemment.

C'est probablement ce qui a dû arriver à M. R. Pictet dans son expérience fondamentale sur l'action de l'eau arrivant en petite quantité sur une grande masse de carbure.

Reprenons les différentes expériences préliminaires de M. R. Pictet (1).

« Dans un appareil en verre, nous mettons quel-
« ques grammes de carbure de (2) calcium et nous
« plaçons un thermomètre au centre des morceaux
« de cette matière.

(1) Page 21 de « l'Acétylène ». R. Pictet (Genève, W. Kündig et fils).

(2) Nous nous demandons pourquoi M. Pictet appelle le carbure de calcium du nom de carbite.

« Puis une, deux, quelques gouttes d'eau tom-
« bent sur les fragments de carbure de calcium.

« Le gaz acétylène se dégage et le thermomètre
« monte au fur et à mesure de la production. Nous
« analysons les gaz qui s'échappent. Nous consta-
« tons que l'acétylène est loin d'être pur, et de plus
« que ces impuretés varient comme qualité et comme
« quantité avec la température ».

Nous ne pouvons douter que M. Pictet ait connaissance des travaux de Berthelot que j'ai signalés
au début de cet ouvrage.

Or, il est facile de voir, d'après ce que nous avons
dit sur la polymérisation de l'acétylène, que les
corps qui vont prendre naissance avec ce dernier
vont varier en quantité et en qualité avec la température. Ces impuretés sont évidemment des benzines, des carbures lourds, etc., il y en a d'autres,
les carbures étant impurs et, cependant nous verrons
qu'elles sont peu de chose.

Partant de cette expérience préliminaire, M. Pictet s'est posé le problème suivant :

« Quelle peut être l'action maxima du carbite
« décomposé par l'eau en provoquant la réaction
« dans un appareil construit avec des matériaux as-
« sez solides pour résister au maximum de la puis-
« sance dévastatrice » ?

Le problème tel que M. Pictet se l'est posé, ne
nous paraît pas très clair.

Toutefois, nous avons *cru comprendre* ceci : quelle
est la pression maximum à laquelle on arriverait si,
faisant arriver de l'eau sous pression dans un réservoir plein de carbure fermé hermétiquement et

très résistant, on laisse se dégager le gaz jusqu'à sa liquéfaction ?

Vraisemblablement M. Pictet a essayé au début de liquéfier l'acétylène directement sous son propre dégagement.

Voici alors ce que le savant génevois a fait. Je cite son ouvrage textuellement : (1)

« J'ai donc calculé le volume total du gaz qui se
« dégagera de la combinaison, le volume dans le-
« quel le gaz pourra se loger et j'ai donné aux pa-
« rois de l'appareil une solidité suffisante pour
« résister à une pression presque double ».

« Grâce à ce calcul, je pouvais, ainsi que mes as-
« sistants, entourer l'appareil et rester tout auprès,
« observer dans une grande tranquillité d'esprit et
« un état d'âme compatible avec la recherche scien-
« tifique.

« Bien nous en prit ainsi qu'on va le voir.

« J'avais disposé l'appareil pour opérer sur 5 kg.
« de carbure à la fois, quantité bien modeste on
« le voit, puisqu'elle ne pourrait développer que
« 1.800 litres de gaz au maximum.

« Le carbite était placé dans un cylindre d'acier
« à parois très solides et dont les fonds étaient
« fixés par des boulons de toute résistance.

« Les serpentins communiquant avec ce réser-
« voir étaient baignés dans l'eau dont on connais-
« sait la température.

« Avec une pompe hydraulique, on pouvait faire
« tomber l'eau sur le carbite, quelle que fût la
« pression intérieure de l'appareil.

(1) L'Acétylène (déjà cité) page 22.

« Des fils de métal de toutes espèces étaient sus-
« pendus au couvercle et pendaient dans la capa-
« cité destinée à recevoir les gaz.

« On avait pesé ces fils et constaté exactement
« l'éclat de leur surface, de manière à suivre sur
« chacun d'eux l'action combinée des gaz pendant
« la formation de l'acétylène et l'élévation cons-
« tante de la température.

« Enfin, un réservoir terminal placé à l'extré-
« mité du serpentin permettait d'y recueillir les
« gaz liquéfiés.

« Des manomètres placés à différents points de
« l'appareil indiquaient constamment sa pression
« intérieure.

« Avant de faire l'expérience nous avions essayé
« le tout à 35o atmosphères.

« Cela dit, voici comment nous opérions :

« Avec une pompe pneumatique, nous faisions
« d'abord le vide complet dans tout l'appareil pour
« en enlever totalement l'air.

« Nous n'avions que 5 kilog. de carbite comme
« corps étranger contenu dans l'instrument. Avec
« la pompe hydraulique, nous faisions entrer quel-
« ques grammes d'eau déterminant la formation
« d'une première quantité d'acétylène.

« Nous surveillions simultanément les manomè-
« tres, la température de l'appareil et la quantité
« d'eau qui y pénétrait.

« Ces trois éléments donnaient la réponse au pro-
« blème de la fabrication de l'acétylène dans les
« conditions où il était connu à l'époque de Will-
« son ».

Ici, je m'arrête un instant sur cette dernière phrase.

L'époque de Willson c'est la fin de l'année 1894 ; or, en mai 1894, MM. Moissan et L. Bullier indiquaient qu'il valait mieux faire tomber le carbure dans l'eau que l'eau sur le carbure. Mais M. Pictet ignore les travaux de M. Moissan, il lui attribuera à la fin de son ouvrage la détermination de la température de l'arc et quelques fours industriels.

Je continue la rédaction de l'expérience Pictet.

« Voici ce que nous avons observé :

« Pendant les dix premières minutes, la pression
« croît très exactement en proportion de la quan-
« tité d'eau qui pénètre dans l'appareil, puis elle
« semble s'arrêter à une certaine valeur qui corres-
« pond à la liquéfaction de l'acétylène à la tempé-
« rature de l'eau qui entoure le serpentin ».

« Nous continuons l'introduction régulière de
« l'eau sur le carbite et nous voyons que la tem-
« pérature de l'autoclave s'élève rapidement ; elle
« atteint plus de 100 degrés au bout d'un quart
« d'heure.

« La pression de liquéfaction s'élève également
« dans d'assez fortes proportions, ce fait est essen-
« tiellement dû aux impuretés qui ne pouvant se
« liquéfier augmentent la tension des gaz.

« *Subitement, nous voyons les manomètres donner*
« *une violente oscillation qui les amène tout près de*
« *300 atmosphères et un choc profond, sourd, indéfi-*
« *nissable nous arrive par les pieds, du sol du labo-*
« *ratoire.*

« Toute la masse gazeuse contenue dans l'auto-
« clave et le serpentin s'est dissociée d'un seul

« coup, l'hydrogène est devenue libre et le charbon
« s'est déposé sous forme d'une poudre extrême-
« ment fine et ténue dans tout l'appareil.

Ce phénomène est dû évidemment à l'incandescence du carbure de calcium qui a décomposé brusquement toute la masse et a provoqué une violente
explosion.

M. Pictet conclut en disant :

« Ceux qui par mégarde, distraction, témérité,
« font tomber de l'eau sur de grosses masses de car-
« bure s'exposent certainement à des explosions
« dont les conséquences peuvent être désastreuses ».

Et d'un coup M. Pictet donne un arrêt de mort à
tous les appareils à gaz acétylène existants. Oui,
dans le cas de pressions supérieures à deux atmosphères, la marche indiquée plus haut est défectueuse.

Les appareils de Ducretet et Lejeune, qui sont dans
ce cas, sont évidemment dangereux. Il n'en est point
ainsi dans les appareils qui sont à des pressions
très basses ne dépassant pas quelques centimètres
d'eau.

M. Pictet a été obligé de donner une cause à ces
phénomènes d'explosions. La cause, ce sont les impuretés, car dit-il : « Entre l'acétylène impur, pro-
« duit par le mode primitif et l'acétylène chimi-
« quement pur que nous pouvons obtenir par les
« procédés en usage dans notre laboratoire il y a
« un abîme ».

Malheureusement, il y avait une grosse difficulté :
le prix de revient du gaz épuré et liquéfié par les
procédés Pictet.

Ce dernier, tourne encore cette insurmontable
difficulté et il donne à l'acétylène un pouvoir éclai-

rant égal à 44 fois celui du gaz de houille, alors que
M. Violle a annoncé depuis longtemps un pouvoir
éclairant égal à 15 à 20 fois celui du gaz de houille.
Nous donnerons plus loin à titre documentaire les
procédés R. Pictet.

L'acétylène fabriqué dans de semblables conditions est évidemment pur, nous n'en doutons pas ;
mais à quoi bon tout ce mécanisme, alors que l'acétylène desséché simplement ne contient que des
traces d'impureté très légères, 4 millièmes environ
qui ne peuvent nuire en quoi que ce soit. Nous
avons dit, à propos de l'action de l'acétylène sur
les métaux, que l'acétylure de cuivre se formait difficilement, qu'il fallait du gaz ammoniac humide ;
or, ce gaz n'est pas libre et sec à côté de l'acétylène ;
il est contenu dans la vapeur d'eau entraînée, le gaz
sec ne peut donc pas absolument nuire.

On a constaté autrefois à Philadelphie des for-
mations d'acétylure cuivreux dans des tuyaux en
cuivre du gaz de l'éclairage ; on sait que l'explosion occasionnée de ce fait a été bénigne.

En second lieu, le gaz de houille est toujours humide et contient des traces d'ammoniaque et de
l'acétylène qui, à la longue, peuvent donner lieu à
une formation d'acétylure de cuivre. Nous le répé-
tons une dernière fois, les conditions de formation
de l'acétylure de cuivre sont : sous-sel de cuivre,
ammoniaque, acétylène pur, sous-chlorure de cuivre ammoniacal.

L'acétylène liquide rendra évidemment de grands
services tant que les bonbonnes ne seront pas susceptibles d'être mises à la portée de tout le monde

et lorsqu'on le vendra à un prix raisonnable et non
pas à celui de 4 fr. 50 à 5 fr. le mètre cube sous la
pompeuse dénomination d'acétylène pur. Dans les
appartements chez des particuliers, une bonbonne
d'acier contenant de l'acétylène liquide est dangereuse.

De fréquents accidents se sont produits déjà avec
l'acétylène liquide et M. Pictet lui-même a eu à déplorer un semblable accident à son institut de
la rue Championnet le 17 octobre à Paris sur lequel
nous reviendrons.

On emmagasine l'acétylène une fois liquéfié dans
des appareils en acier au nickel, l'alliage de ces
deux métaux résistant à des pressions de 250 atmosphères. C'est au moyen de ces bonbonnes de
capacité variée que s'effectuent le transport et l'utilisation industrielle de l'acétylène sous l'une quelconque des formes qui peuvent être présentées au
public.

Évidemment, nous n'en doutons pas, les bonbonnes sont des plus résistantes, la qualité de
l'acier dont on se sert pour leurs parois donnent
une résistance énorme aux efforts de rupture. (Fig.
15 et fig. 16).

On remplit une bonbonne de 12 litres à raison de
4 kilogrammes qui ne remplissent pas entièrement
la bonbonne.

Un remplissage exagéré d'une bonbonne présente
de très graves dangers, l'acétylène possédant une
dilatation énorme. On a constaté de ce fait des accidents nombreux.

M. S. Périssé a fait une communication à la So-

ciété des Ingénieurs civils sur l'explosion d'une bouteille d'acide carbonique liquide survenue par trop
grand remplissage. Il a proposé comme charge
d'épreuve de ne pas dépasser le double de la pression utile pour charger les bouteilles en été.

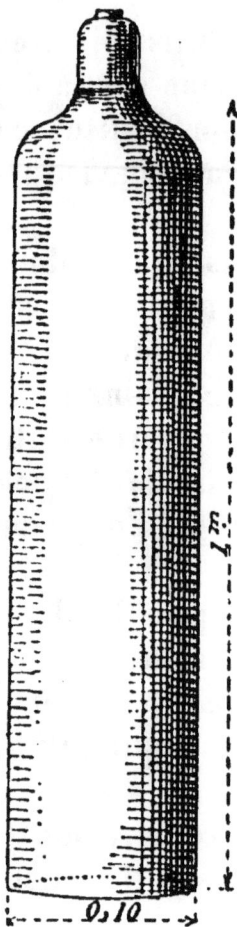

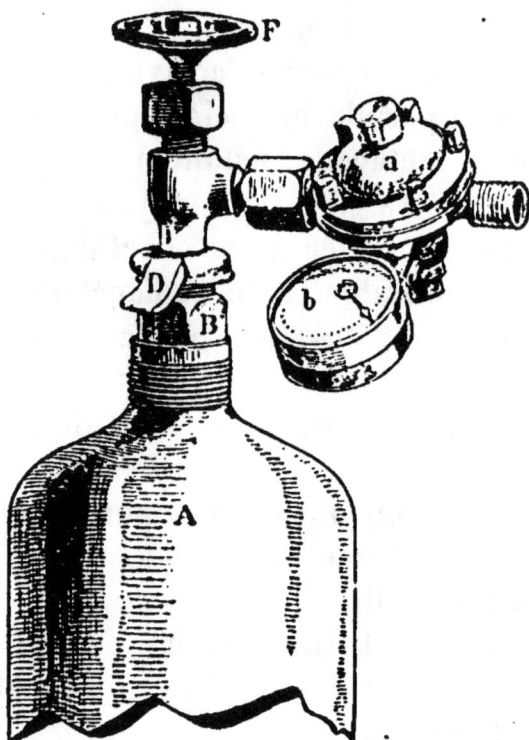

Fig. 15.   Fig. 16.

A cet effet, dit-il, le métal ne devra travailler au
moment de cette charge d'épreuve qu'à un coefficient égal aux 7/10 du coefficient correspondant à
la limite d'élasticité et ensuite il a recommandé de

limiter la charge d'acide carbonique par rapport au volume de la bouteille.

De plus, l'état endothermique de l'acétylène et la facilité de propagation d'une onde explosive dans toute sa masse ajoutent aux causes d'explosions précédentes.

Il faut donc ne manier les bouteilles d'acétylène liquide qu'avec une très grande prudence et en s'entourant de très grandes précautions.

La forte pression intérieure doit amener facilement des fuites importantes par le robinet de fermeture et le détendeur.

Ce dernier, d'après les expériences de MM. Berthelot et Vieille indiquées précédemment, peut amener des décompositions brusques de toute la masse liquide par compression adiabatique dans ce détendeur et élévation de température.

Toutes ces raisons sont je crois suffisantes pour expliquer mon assertion du début sur les dangers de l'acétylène liquide.

Il est donc, à l'heure actuelle, plus sage d'attendre que les propriétés de l'acétylène liquide soient bien établies avant de songer à l'employer industriellement ; il ne doit être encore, à l'heure actuelle, considéré que comme un produit de laboratoire.

Procédé Raoul Pictet.

Il consiste d'abord à produire l'acétylène à basse température, ce que M. Moissan a toujours recommandé, et à produire une épuration au moyen de l'acide sulfurique à basse température, mode d'épuration que nous contestons, comme nous le montrerons plus loin :

A est une cuve de tôle, de préférence cylindrique, présentant deux tubulures $a\,a^1$ pour l'entrée et la sortie du liquide. Dans la cuve A est une autre cuve B reposant sur des cornières $a^2a^2a^2$ comme on le voit. (Fig. 17).

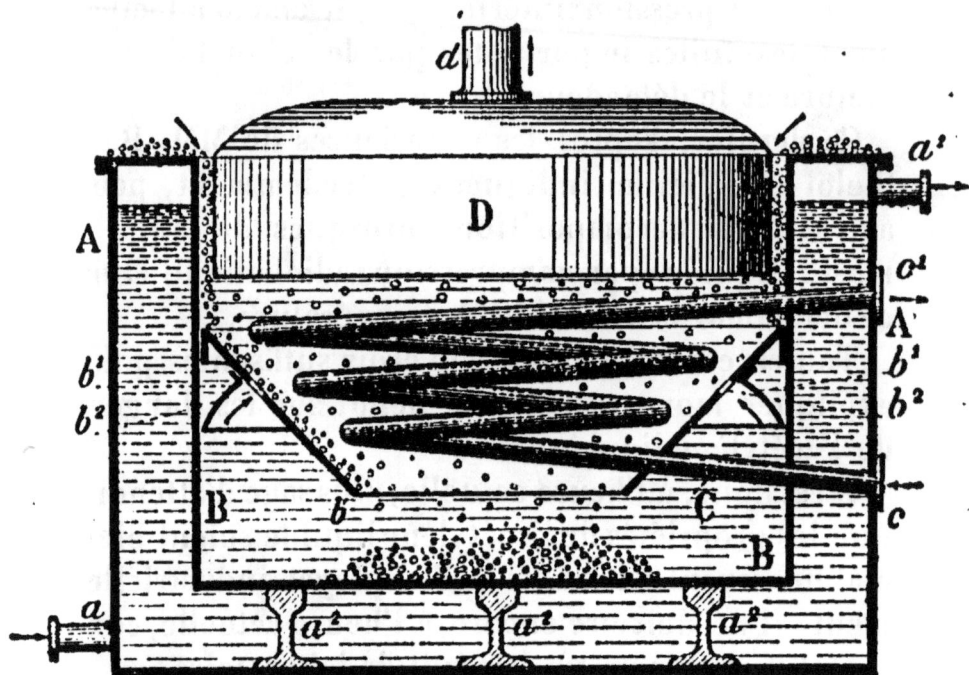

Fig. 17.

b est un entonnoir placé dans la cuve B.

b^1 est une feuille de tôle servant d'écran.

b^2 sont des ouvertures pratiquées de distance en distance dans l'entonnoir b.

C est un serpentin refroidisseur avec entrée en c et c^1.

D est une cloche plongeant dans l'eau contenue dans la cuve B.

Cette cloche sert à recueillir l'acétylène qui en sort par le tuyau *d*.

Dans la figure 18, les mêmes lettres indiquent les mêmes pièces.

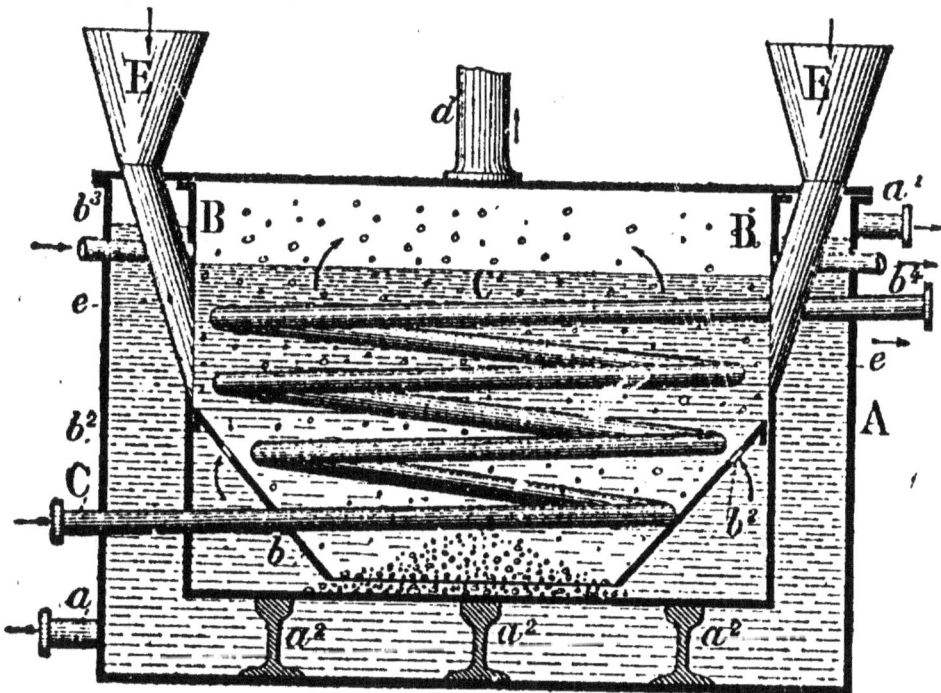

Fig. 18.

La cloche D est supprimée, la cuve B est complètement fermée et c'est sa partie supérieure qui remplace la cloche; elle est pourvue d'un tuyau *b³* pour l'introduction de l'eau et d'un tube de trop-plein *b⁴*. EE sont des trémies avec couloirs *e* pour l'introduction du carbure de calcium.

Comme on le voit, l'espace ménagé entre les deux cuves A et B est rempli d'un liquide maintenu en circulation.

Ce liquide est introduit en a et sort en a^1. On peut employer l'eau ordinaire, l'eau salée, ou tout autre liquide pouvant être maintenu à la température qu'on désire, entre — 45° centigrades et + 60° centigrades.

Des chicanes non représentées au dessin forcent la circulation d'eau à lécher la totalité des parois des cuves.

La cuve B est pleine d'eau ou d'eau salée contenant un chlorure quelconque de métal alcalin.

La cloche D est placée sur l'eau de façon que le bord inférieur de cette cloche sort à quelques centimètres en dessous de la surface de l'eau.

La cloche D a un diamètre extérieur un peu plus petit que le diamètre intérieur de la cuve B, de façon à ménager tout autour un espace annulaire par lequel on introduit le carbure de calcium concassé en menus fragments.

Ce carbure est concassé par tous moyens mécaniques convenables, et on le fait arriver sur le bord de la cuve B, à l'aide de couloirs, de godets en chapelets, à bras d'homme ou autrement.

Le serpentin C, à grande surface, sert à maintenir l'eau contenue dans la cuve B à la température voulue, entre — 45° et + 60°.

On fait circuler dans ce serpentin de l'eau ou de l'eau salée refroidie au degré voulue, ou aussi des liquides volatils comme l'ammoniaque, l'acide sulfureux, le liquide Pictet, le chlorure de méthyle, l'acide carbonique, etc.

En pénétrant dans l'eau les morceaux de carbure abandonnent l'air atmosphérique entraîné avec eux, puis ils arrivent sur l'entonnoir b, qui les fait rouler

9

au fond de la cuve, où ils s'amoncellent comme on
le voit.

L'acétylène se dégage abondamment et commence
déjà à s'épurer en traversant l'eau de la cuve B.

Si des bulles de gaz se dégagent entre l'entonnoir et la cuve, elles rencontrent la feuille de tôle
ou écran b^1 complètement étanche et passent par les
orifices b^2 pratiqués sur le pourtour de l'entonnoir.

L'acétylène qui se dégage est recueilli par la cloche D, d'où il sort par la tubulure d pour entrer
dans un gazomètre de système quelconque.

La cuve B est pourvue d'un trop-plein.

De temps à autre, on enlève la cloche pour nettoyer l'appareil.

Dans l'appareil modifié qui est représenté en figure 16, ce nettoyage a lieu par un trou d'homme
placé en tout endroit convenable de la cuve B.

Ce que M. Pictet a revendiqué dans son brevet
sont :

1º Le procédé de fabrication de l'acétylène qui
consiste à introduire le carbure par fragments menus dans une grande masse d'eau en lui permettant
de se dépouiller de l'air atmosphérique entraîné
avant de dégager l'acétylène à recueillir, cette masse
d'eau étant maintenue pendant toute la durée de
l'opération à une température constante relativement basse.

2º L'appareil à fabriquer l'acétylène constitué par
la combinaison de deux cuves placées l'une dans
l'autre entre lesquelles circule un liquide maintenu
à une température relativement basse, la cuve intérieure recevant un serpentin refroidisseur dans

lequel circule un liquide à basse température, pour maintenir l'eau de cette cuve au degré voulu.

Le gaz acétylène fabriqué au moyen de l'action de l'eau sur le carbure de calcium contient une foule d'impuretés dont l'action est très nuisible.

L'ammoniaque, l'hydrogène, l'hydrogène sulfuré, arsénié, l'oxyde de carbone, l'hydrogène carboné se trouvent en proportions variables dans l'acétylène suivant la nature des matières employées dans les fours électriques pour la fabrication du carbure de calcium.

Ces impuretés donnent à l'acétylène des caractères spéciaux. L'acétylène impur attaque presque tous les métaux usuels, le cuivre en particulier, pour former avec ces corps des composés dont quelques-uns sont détonants.

Le pouvoir éclairant de l'acétylène est notablement diminué par la présence de ces impuretés

L'acétylène impur brûle avec une flamme enveloppée d'une auréole pourpre très caractéristique et peu lumineuse.

Lorsque l'acétylène est épuré, cette auréole disparaît presque entièrement.

Il y a donc un grand intérêt à épurer ce gaz au moyen de procédés simples et peu coûteux, car on évite tous les inconvénients signalés et le pouvoir éclairant de l'acétylène est porté à son maximum.

Dans une autre demande de brevet, M. Pictet a indiqué un mode de fabrication de l'acétylène qui permet d'obtenir, dit-il, ce gaz à un état de pureté déjà très notable.

Son procédé consiste :

1° A faire barboter l'acétylène dans une dissolution concentrée de chlorure de calcium refroidie à une température convenable entre — 20° cent. et — 40° cent.

2° A faire passer le gaz dans l'acide sulfurique à 40 o/o environ de concentration, refroidi à une température convenable entre — 20° cent. et — 60° cent.

3° A opérer un lavage aux sels de plomb à la température ordinaire.

4° A dessécher le gaz en le faisant passer sur du chlorure de calcium cristallisé pour en achever l'épuration.

Le chlorure de calcium agit comme une véritable éponge sur toutes les impuretés de l'acétylène, dont il enlève surtout les parties les plus dangereuses, l'ammoniaque et ses dérivés.

Si le barbotage est bien établi, toutes traces d'ammoniaque et de vapeur d'eau disparaissent sans altérer l'acétylène.

On sait que les réactions chimiques sont totalement supprimées aux basses températures et qu'il y a une hiérarchie dans l'ordre avec lequel ces réactions s'éteignent progressivement. Or l'action de l'acide sulfurique sur l'acétylène se supprime déjà presque complètement à — 20°.

On peut donc prendre des solutions d'acide sulfurique et d'eau résistant aux températures inférieures à — 20°, et ne cristallisant que vers — 70° ou — 80°, pour y faire barboter le gaz acétylène afin de fixer physiquement et chimiquement les impuretés dont le point de réaction avec l'acide sulfurique est placé plus bas sur l'échelle des températures que la réaction de l'acétylène pur.

Grâce à cette action simultanée de produits chimiques tels que des solutions de chlorure de calcium et d'acide sulfurique, et des basses températures, on parvient à dépouiller l'acétylène d'une façon totale des impuretés dangereuses qu'il contient.

On pourrait obtenir des résultats analogues avec des solutions des différents chlorures de métaux alcalins, chlorure de sodium, de magnésium, de potassium, etc., et avec d'autres acides non volatils, comme l'acide phosphorique par exemple.

Le lavage aux sels de plomb et le desséchage au chlorure de calcium sec et anhydre permettent de parachever l'épuration complète de l'acétylène.

Au dessin ci-joint on a représenté à titre d'exemple un appareil qui permet de réaliser d'une façon pratique les différentes opérations du procédé d'épuration.

Dans la figure schématique (fig. 19).

AA' sont des cuves dans lesquelles se trouve établi une circulation d'un liquide réfrigérant quelconque.

aa' sont des supports.

B B' B² sont trois cuves ; les deux premières sont placées dans les cuves AA' et entourées par le liquide réfrigérant.

bb'b² sont des tubes verticaux qui amènent l'acétylène dans le bas des cuves BB'B².

CC'C² sont des plateaux à rebords. Ces plateaux sont percés de trous pour amener une grande divi-

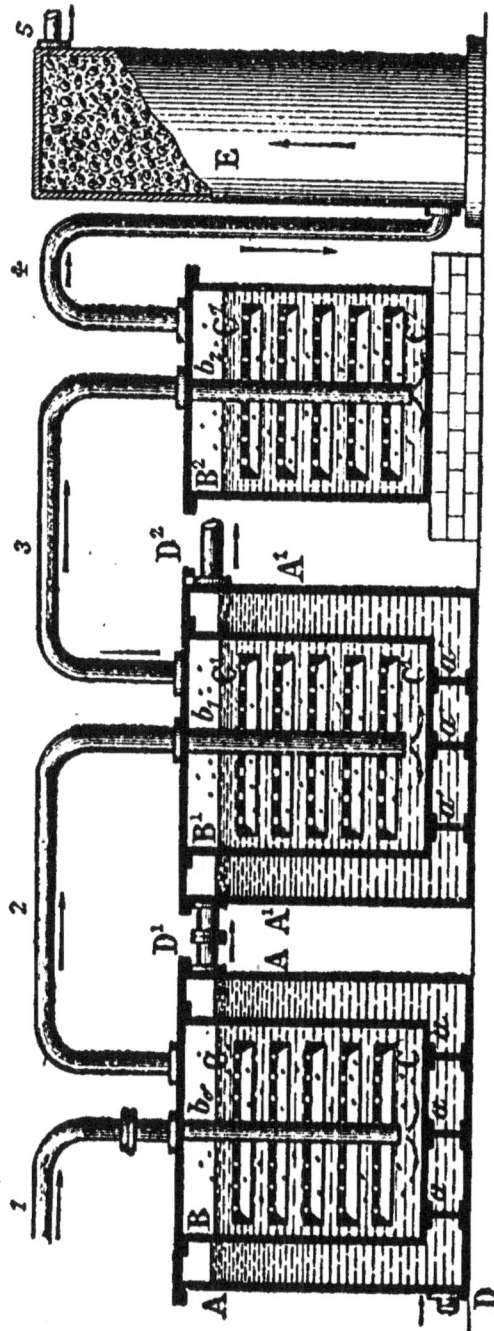

Fig. 19.

sion du gaz et par suite un contact plus intime avec les solutions.

D est l'entrée du liquide réfrigérant ; D^1 un tube par lequel il passe de la cuve A dans la cuve A^1 ; D^2 est la sortie du liquide réfrigérant, E est une colonne contenant le chlorure du calcium cristallisé.

1, 2, 3, 4, 5 sont les tubes pour conduire le gaz.

L'acétylène à épurer arrive par le tube b au fond de la cuve B qui contient une solution de chlorure de calcium maintenue à la température voulue au-dessus de — 40°.

Tel est le procédé R. Pictet et son mode d'épuration chimique que nous allons contester. Nous le voyons, M. Pictet s'appuie sur sa méthode générale des températures critiques qu'il a décrite.

En effet, dans les *Comptes rendus de l'Académie des sciences*, 17 avril 1893, p. 815, on lit ce passage :

Essai d'une méthode générale de synthèse chimique par M. R. Pictet.

« Après avoir constaté que les réactions chimi-
« ques cessent aux basses températures pour se
« développer progressivement et cela dans un ordre
« défini suivant l'échelle montante des températu-
« res, nous avons été tout naturellement conduits
« à appliquer cette méthode pour les synthèses di-
« rectes des corps ».

Et d'abord cette méthode générale des températures critiques reprise par M. R. Pictet, qu'il s'attribue sous ce nom, est entièrement décrite dans un mémoire de MM. Mareska et Donny (tome XVIII, *Mém. des sav. étrangers*, 1845). A la page 30 et 31 de cet intéressant mémoire on lit ce qui suit :

Différentes substances, qui à la température ordinaire de l'atmosphère sont liquides, ont été placées dans le bain froid (acide carbonique solide, p. 29 du mémoire) ; quelques-unes ont donné lieu à des remarques que nous croyons dignes de fixer l'attention.

L'*alcool* de 0,8084 de densité, ou à 97° de l'alcoomètre centigrade, ne s'est pas solidifié complètement ; mais à — 80°, il est devenu assez visqueux pour ne plus couler. Selon Mitchell, l'alcool de 0,798 acquiert la consistance de cire à 146° Farenheit.

L'*élaïne* n'est pas devenue entièrement dure.

L'*éther*, l'*huile de naphte*, perdent de leur fluidité sans changer d'état.

Le *sulfide carbonique* ne passe pas non plus à l'état solide, quel que soit le froid auquel on l'expose.

L'*acide nitrique* de 1,5 de densité, se congèle en une masse cristalline blanche vers — 50°.

L'*acide chlorhydrique* très concentré prend la consistance du beurre sans affecter aucune forme cristalline visible. A cette basse température *il cesse de rougir le papier de tournesol, et ne produit plus aucune réaction chimique.*

L'*acide sulfurique monohydraté pur*, comme l'on sait, cristallise à —34°. Mais il n'en est plus de même lorsqu'on y ajoute de l'eau de manière à réduire sa densité à 1,829 à 14° C.

L'acide ainsi dilué ne se solidifie plus entièrement, même par le plus grand froid. Il reste pâteux, on peut y faire pénétrer sans effort un fil métallique, et il mouille encore les corps.

L'acide sulfurique, dans cet état, ne rougit plus le tournesol ; il ne réagit plus sur les alcalis, sur les carbonates, sur l'iodure potassique, ni même sur le chlorate potassique.

Le chlore et l'ammoniaque n'ont point perdu à — 80°la faculté de réagir chimiquement l'un sur l'autre.

Il ne faudrait point en conclure que ce que nous avons observé pour les acides sulfurique et chlorhydrique ne fût point l'effet d'une loi générale ; il en résulterait seulement que les effets se manifesteraient pour les différentes substances, à des degrés de froid différents.

Au bas de cette page 31 il est dit :

Depuis que ce mémoire a été remis à l'Académie, MM. Schrœter de Vienne et Dumas, ont également fait réagir certains corps les uns sur les autres, à la température du bain d'acide carbonique solide et ils sont arrivés à des résultats analogues. Ils ont démontré qu'à — 80° le chlore ne se combine plus à l'antimoine et nous-mêmes dans une lettre publiée dans le *Bulletin,* t. XII, p. 225 et que M. Dumas a bien voulu communiquer à l'Académie des sciences (séance du 25 mars 1845), « *nous avons fait voir* « *qu'à cette même température, le chlore perd toute* « *son action sur le potassium et le sodium, tandis* « *qu'il continue à se combiner avec le brome, l'iode* « *et le soufre ; en outre nous avons confirmé l'obser-* « *vation faite par Dumas qu'à — 80°, le chlore se* « *combine avec beaucoup d'énergie à l'arsenic et au* « *phosphore* ».

Nous nous demandons alors si le procédé d'épuration coûteux de M. R. Pictet constitue bien une épuration chimique.

Note complémentaire sur l'explosion d'une bonbonne d'acétylène liquide

A propos des expériences de MM. Berthelot et Vieille sur les propriétés explosives de l'acétylène, et à la suite d'une explosion survenue au cours d'une expérience chez M. R. Pictet, à Genève, où s'était produite l'incandescence du carbure, nous avons montré que cela avait suffit pour amener la brusque décomposition de toute la masse liquide. Dans cette expérience, le gaz se comprimait sous le propre dégagement du carbure de calcium.

Il en résulte très nettement que de liquéfier l'acétylène dans les conditions où M. R. Pictet se plaçait pour son expérience, constitue un très grave danger.

Il faut avoir soin, dans ce cas, de refroidir constamment l'appareil où se fait la réaction. L'explosion survenue, le 17 octobre, à une heure et demie, rue Championnet, est d'un tout autre ordre. Elle démontre ce que M. L. Bullier a énoncé dans *l'Electrochimie* de juillet, en s'exprimant ainsi :

« Quant à l'emploi de l'acétylène liquide, mon opinion personnelle est qu'il ne faut pas manier ce corps *sans de grandes précautions*, avant qu'une étude sérieuse et approfondie en ait bien fait connaître les propriétés, etc. »

Or, comme je l'ai dit plus haut, d'après les expériences de MM. Berthelot et Vieille, un point en ignition dans une masse d'acétylène liquide amène la décomposition de la masse et, par suite, à des pressions formidables auxquelles aucun récipient, fût-il en acier le plus résistant, ne peut résister, 5.000 et 6.000 kg et même 7.000 kg. Dans ces conditions, l'acétylène liquide se comporte comme un véritable explosif.

Il semblait, au premier abord, qu'il était difficile de réaliser la condition du point en ignition dans une masse liquide d'acétylène. On avait même écrit, quelque temps avant l'explosion : « MM. Berthelot et Vieille ont montré que l'acétylène liquide n'est dangereux que lorsqu'on plonge dedans un fil de platine rougi. » Ceci, en effet, pouvait paraître presque impossible à réaliser.

Malheureusement, on sait que le frottement énergique des pièces métalliques les unes contre les autres peut déterminer soit une étincelle, soit un échauffement, qui est d'autant plus important que l'effort mécanique s'exerce sur des surfaces plus petites ; le phénomène de l'étincelle dans le briquet est suffisant à expliquer ce que j'avance.

MM. Girard, chef du Laboratoire municipal, et P. Vieille, ingénieur des Poudres et Salpêtres, directeur du Laboratoire central, ont été nommés experts dans cette affaire, et ils détermineront exactement les causes qui ont donné lieu à un accident aussi terrible, puisqu'il y a eu à déplorer la mort de deux ouvriers. MM. Girard et Vieille reproduiront le vissage et le dévissage de bouteilles d'acétylène liquide jusqu'à l'explosion. C'est la seule façon dont ces messieurs pourront se rendre compte de la possibilité d'une explosion dans ces conditions. Cette expertise sera donc longue, et le résultat ne pourra en être connu que plus tard.

Le seul ouvrier qui, des trois, a survécu, le seul qui, d'ailleurs, ne maniait pas la bonbonne, a été trop sérieusement blessé et a eu, sur le moment, trop peu conscience des faits, pour donner des explications complètes permettant la lumière sur cette explosion.

Il est, toutefois, cependant bien établi que : 1° la bouteille était en manipulation ; 2° elle était pleine d'acétylène liquide, ou du moins presque pleine, alors que, au dire de quelques personnes, on la croyait vide, ou du moins presque vide ; 3° elle était à l'étau, et les deux ouvriers victimes de l'accident devaient être aux deux extrémités d'une clef de serrage, soit pour serrer la bonbonne qui fuyait, soit pour la desserrer, la bonbonne ayant été considérée comme vide de tout gaz liquide ; 4° il y a eu immédiatement décomposition brusque de la masse et inflammation d'un mélange tonnant formé au moment de la sortie du gaz.

Enfin, une hypothèse possible est celle de la détente brusque.

C'est le serrage ou le désserrage probablement énergique, puisque les ouvriers travaillaient ensemble, qui a dû constituer l'effort mécanique suffisant pour produire soit une étincelle, soit un échauffement d'un point de la masse.

La décomposition brusque s'est propagée dans toute la masse instantanément, et une pression intérieure de 5 à 6.000 kg a mis en miettes la bonbonne, hachant sur leur passage les deux malheureux ouvriers victimes de leur imprudence.

Je dis, de leur imprudence, car ils devaient être prévenus que le serrage des bonbonnes ne doit se faire qu'avec de grandes précautions. Ce phénomène est de l'ordre de ceux qui se produisent quelquefois, très rarement, il est vrai, dans les arsenaux, lorsqu'un bouchon d'obus est trop fortement serré.

Je termine en disant que cette explosion montre que l'acétylène liquide présente des dangers bien plus grands que l'acide carbonique liquide, puisque aux conditions explosives, il joint des propriétés inflammables et détonantes avec l'air très marquées.

Je crois que ce serait un peu téméraire que d'installer des bouteilles d'acétylène liquide chez les particuliers, sans les soumettre à des réglementations spéciales.

Cela n'empêche pas la liquéfaction de ce gaz d'être un excellent transport d'énergie, mais alors dans des conditions toutes particulières.

On se demande, s'il est bien utile de le liquéfier, et la compression, qui présente moins de dangers, semble déjà un moyen assez commode de transport et d'utilisation de l'acétylène.

Je le répète, cette compression présentera toujours quelques dangers, mais au même titre que les réservoirs de gaz comprimé (gaz d'huile) employés dans les chemins de fer.

Pour conclure, je me contenterai de faire remarquer que si le gaz acétylène présente les dangers que nous avons énumérés plus haut, décomposition brusque de la masse au-dessus de 2 atm, ce gaz, comme M. Moissan le dit dans la préface de cet ouvrage, à la pression du gaz d'éclairage, dans les conduites

ordinaires de ville ne présente que les mêmes dangers d'explosion avec l'air, avec une zône un peu
plus étendue.

CHAPITRE IV

LES FOURS ELECTRIQUES

NOTIONS PRÉLIMINAIRES

Nous avons indiqué, dans ce qui précède, que c'est avec le four électrique que M. Moissan a obtenu le carbure de calcium défini et cristallisé, tel qu'il n'avait pas encore été produit. Ce résultat, et tous ceux dont M. Moissan a rendu compte dans de nombreuses notes à l'Académie des sciences, donnent une telle importance à ce moyen d'utilisation de l'électricité que nous croyons devoir consacrer tout un chapitre de cet ouvrage à cette question des fours électriques. Et avant de passer en revue et d'étudier les principaux types de fours électriques qui ont été proposés jusqu'à ce jour, nous pensons qu'il est nécessaire, sans entrer dans des détails qui sortiraient du cadre de ce travail, de rappeler pourtant quelques notions générales sur l'électricité.

L'électricité, suivant une hypothèse suggérée par Franklin, a été pendant longtemps assimilée à un fluide impondérable, dont chaque corps contient une quantité normale. Si la charge dépasse cette quantité il y a électrisation positive, dans le cas contraire, électrisation négative, et un corps est à l'état neutre lorsqu'il possède sa dose normale d'électricité. D'où l'hypothèse de deux électricités, positive et négative, si commode en électrostatique.

Mais les physiciens ne se contentèrent pas longtemps de cette hypothèse. Faraday, Clausius, Maxwell et Herz, pour ne citer que ceux-là, montrèrent qu'il y a identité absolue entre la lumière et l'électricité et que les phénomènes d'électrisation sont dus à des états particuliers de l'éther, cet éther dont la connaissance peut seule nous révéler, non seulement l'état de la substance impondérable, mais encore l'essence de la nature elle-même et de ses propriétés inhérentes, la pesanteur et l'inertie.

La simple indication de ces théories nouvelles nous montre suffisamment que l'électricité est du domaine de l'*énergie* et n'en est qu'une nouvelle forme, venant s'ajouter à celles que nous connaissons déjà : *énergie mécanique* (travail), *énergie thermique* (chaleur) et *énergie chimique* (résultat des réactions chimiques).

Définie ainsi, nous voyons le rôle important assigné à l'électricité, qui n'étant qu'une nouvelle sorte d'énergie, vient tout naturellement prendre sa place à côté des trois autres et les compléter pour être utilisée concurremment avec elles par l'industrie dans leurs transformations réciproques.

Ces notions sur l'électricité acquises, nous les compléterons par quelques définitions et les formules et chiffres nécessaires pour bien comprendre les résultats produits par l'énergie électrique et pouvoir en calculer le rendement (1).

Travail et puissance.

Le *kilogrammètre* est l'unité de travail ; c'est la quantité de travail qu'il faut dépenser pour élever un kilogramme à une hauteur de un mètre ; ou bien, la quantité de travail rendue disponible par la chute de un kilogramme tombant de un mètre de hauteur.

Le *cheval-vapeur* est l'unité de puissance. C'est la puissance de 75 kilogrammètres pendant une seconde.

En électricité, on a adopté deux autres unités auxquelles il est bon de s'accoutumer.

Le *joule* qui équivaut à o kgm. 102. C'est le travail nécessaire (ou rendu disponible) pour élever (ou par la chute) de 102 gr. à 1 mètre de hauteur.

Le *watt* représente la puissance d'une machine capable d'effectuer un travail de un joule en une seconde.

Le *kilowatt* est 1.000 fois plus grand.

Résumé :

$$1 \text{ watt} = 1 \frac{\text{joule}}{\text{seconde}} = 0 \frac{\text{kgm.}}{\text{seconde}} 102$$

$$1 \text{ kilowatt} = 1.000 \frac{\text{joules}}{\text{seconde}} = 102 \frac{\text{kgm.}}{\text{seconde}}$$

(1) Consulter l'ouvrage de M. P. Janet, sur les principes de l'électricité industrielle.

Relation entre le cheval-vapeur et le watt :

$$1 \text{ joule} = 0 \text{ kgm. } 102$$

$$1 \text{ kgm.} = \frac{1}{0,102} = 9 \text{ j.} 81$$

$$75 \text{ kgm.} = 75 \times 9,81 = 736 \text{ joules}$$

$$1 \text{ cheval} = 75 \frac{\text{kgm.}}{\text{seconde}} = 736 \frac{\text{joules}}{\text{seconde}} = 736 \text{ watts}$$

Attendu que 1 joule = 1 watt × 1 seconde.

Une machine de 1 cheval a une puissance de 736 watts.

Réciproquement :

$$1 \text{ watt} = \frac{1}{736} = 0 \text{ ch.-v. } 00136$$

$$1 \text{ kilowatt} = 1 \text{ ch. } 36.$$

Une machine électrique de 100 kilowatts est une machine qui développe une puissance de 136 chevaux.

On appellera *cheval-heure* le travail effectué par une machine de 1 cheval pendant une heure, soit :

$$75 \times 3600 = 270.000 \text{ kgm.}$$

Car elle effectue 75 kilogrammètres en une seconde.

$$1 \text{ } cheval\text{-}heure = 270.000 \text{ kilogrammètres.}$$

Le *watt-heure* est de même le travail effectué pendant une heure par une machine dont la puissance est de 1 watt ; or elle effectue 0 kgm. 102 par seconde, par suite :

$$1 \text{ } watt\text{-}heure = 0 \text{ kgm. } 102 \times 3600 = 367 \text{ kgm. } 2.$$

Le kilowatt-heure est 1000 fois plus grand, soit :

$$367.200 \text{ kilogrammètres.}$$

Chaleur.

La calorie est la quantité de chaleur qu'il faut pour élever la température de un gramme d'eau de $1°$ centigrade :

De plus, 1 calorie $=$ o kgm. 426.

C'est-à-dire qu'il faut dépenser o kgm. 426 de travail pour créer une calorie ; inversement une calorie transformée en travail donnerait o kgm. 426.

Évaluons les calories en joules :

$$1 \text{ kgm.} = 9 \text{ j. } 81$$
$$\text{o kgm. } 426 = 9,81 \times 0,426 = 4 \text{ j. } 18$$
$$1 \text{ calorie} = 4 \text{ j. } 18$$
$$1 \text{ joule} = \frac{1}{4,18} = \text{o cal. } 24.$$

Résumé.

Travail
- $1°$ Kilogrammètre.
- $2°$ Joule $=$ o kgm. 102.
- $3°$ Watt-seconde $=$ 1 joule $=$ o kilogrammètre 102.
- $4°$ Watt-heure $=$ 367 kgm.
- $5°$ Kilowatt-heure $=$ 367.000 kgm.
- $6°$ Cheval-heure $=$ 270.000 kgm.

Puissance
- $1°$ Kilogrammètre-seconde.
- $2°$ Watt $= 1 \dfrac{\text{joule}}{\text{seconde}} = 0 \dfrac{\text{kgm.}}{\text{seconde}} 102 = $ o ch. 00136.
- $3°$ Kilowatt $=$ 1000 watts $=$ 1000 $\dfrac{\text{joules}}{\text{seconde}} = 102 \dfrac{\text{kgm.}}{\text{seconde}}$.
- $4°$ Cheval-vapeur $= 75 \dfrac{\text{kgm.}}{\text{seconde}} = 736$ watts $=$ o kw. 736.

Chaleur $\left\{\begin{array}{l} 1° \text{ Calorie} = \text{o kgm. } 426 = 4 \text{ j. } 18. \\ 2° \text{ Joule} = \text{o cal. } 24. \end{array}\right.$

Il me reste maintenant à rappeler ce que sont très exactement :

1° La différence de potentiel d'un courant ;

2° L'intensité d'un courant ;

3° La résistance d'un conducteur.

1° Le *potentiel* est en électricité ce qui correspond à la hauteur de chute en hydraulique ; un générateur électrique élève l'électricité à une certaine *hauteur*, c'est-à-dire à un certain *potentiel* ; le récepteur utilise une certaine chute de potentiel.

Un moteur hydraulique est, par analogie, en tous points semblable à un récepteur électrique.

De même que ce moteur hydraulique utilise une chute d'eau de 25 mètres, de même le récepteur, électrique utilise une chute de potentiel de 25 *volts*.

Le *volt* est l'unité adoptée pour mesurer la hauteur électrique ou le potentiel auquel un générateur élève l'électricité.

Inversement c'est l'unité qui sert à mesurer les différences de potentiel dans les appareils récepteurs, ou encore la *force électromotrice* d'un courant électrique.

2° L'*intensité* d'un courant est la quantité d'électricité transportée par le courant pendant un temps donné. Un *ampère*, unité d'intensité, est le *coulomb* transporté pendant une seconde ; le coulomb étant l'unité de quantité.

En pratique on adopte l'*ampère-heure* qui est la quantité d'électricité transportée par un courant de

1 ampère pendant 1 heure. Il est évident qu'une ampère-heure correspond à 3600 coulombs.

Inversement :

$$1 \text{ coulomb} = \frac{1}{3600} \text{ ampères heure.}$$

Toujours par analogie avec la chute d'eau, de même qu'un *kilogramme* d'eau tombant d'une hauteur de 1 mètre, développe un kilogrammètre, de même 1 *coulomb* tombant d'une hauteur électrique de 1 volt rend disponible (sous une forme quelconque) une quantité d'énergie qu'on appelle un *joule*.

Un ampère, c'est un coulomb par seconde.

De ces définitions il résulte que :

$$1 \text{ volt} \times 1 \text{ ampère-heure} = 1 \text{ watt-heure.}$$

Donc, dans un moteur donné, le produit des ampères par les volts donne la puissance du moteur.

Si E représente cette différence de potentiel ;

I l'intensité du courant ;

$E \times I$ watts, représente la puissance du moteur.

Cette puissance apparaît soit sous forme de chaleur, soit sous toute autre forme (énergie mécanique, énergie chimique, etc.).

3° *Résistance*. — La *résistance* caractérise le conducteur à travers lequel passe le courant d'intensité I ampères et de force électro-motrice E.

L'électricité, en traversant la matière, éprouve comme un frottement qui s'oppose à son mouvement et comme lui dégage de la chaleur ; l'expérience a montré que la résistance est proportionnelle à la longueur et en raison inverse de la section du conducteur :

$$R = \frac{L}{cS}$$

R s'exprime en *Ohms* (unité adoptée pour mesurer les *r*ésistances) ;

L s'exprime en mètres ;

S s'exprime en mm. carrés ;

c *conductibilité* du métal employé.

Voici la valeur de la conductibilité pour les métaux les plus usuels :

Cuivre recuit. . . .	63,13
— écroui. . . .	61,65
Fer recuit	10,38
Plomb	5,14
Maillechort	4,82

Exemple : soit à trouver la résistance d'un fil de cuivre recuit ayant 100 mètres de long et 2 mmq. de section :

$$R = \frac{100}{63,13 \times 2} = 0 \text{ ohms } 78$$

La résistance cherché est 0 ohms 78.

Connaissant enfin l'intensité d'un courant I, en ampères, la différence de potentiel E, mesurée en volts entre les points d'un circuit, R, la résistance mesurée en ohms, qui sépare ces deux points, on a :

$$E = R \times I$$
$$I = \frac{E}{R}$$

Formules constituant ce qu'on appelle la *Loi d'Ohm*.

La puissance est E $\times$ I watts.

La chaleur développée $E \times I \times 0,24$ calories par seconde.

EI peut prendre une autre forme.

Puisque :
$$E = RI$$
$$EI = RI \times I = RI^2.$$

Finalement :

La puissance qui apparaît entre deux points d'un circuit, sous forme de chaleur, est égale au produit de la résistance qui existe entre ces deux points par le carré de l'intensité. Cette puissance correspond à un dégagement de :

$R \times I^2 \times 0,24$ calories par seconde (*Loi de Joule*).

Nous arrêterons là ces notions qui permettent de comprendre suffisamment les transformations de l'énergie électrique, renvoyant aux ouvrages spéciaux ceux qui désireraient les compléter, et nous aborderons de suite l'étude des fours électriques.

FOURS ÉLECTRIQUES

Les fours électriques, ainsi que le mot semble l'indiquer, devraient être des appareils de réduction, de fusion, ou plus généralement de chauffage par l'électricité. C'est bien, en réalité, aux appareils dans lesquels l'énergie électrique est transformée en énergie thermique que l'on devrait réserver cette appellation. On l'a malheureusement appliquée à de nombreux appareils où l'énergie électrique est uniquement transformée en énergie chimique. Aussi nous croyons devoir insister sur ce point pour éviter les confusions faites jusqu'à ce jour dans ces transformations d'énergie.

L'électro-chimie comprend l'ensemble de ,tous les phénomènes dans lesquels les réactions chimiques sont produites par l'électricité.

L'électrométallurgie n'est qu'un chapitre de l'électrochimie concernant la production des métaux ou de leurs alliages par des procédés électriques.

L'électrométallurgie qui, il n'y a encore que peu d'années, n'existait pour ainsi dire que de nom, s'est rapidement développée depuis quelque temps, et prend chaque jour une importance de plus en plus grande. Il est donc indispensable de classer dès maintenant les divers procédés électrométallurgiques.

Ce classement se fait tout naturellement en analysant avec soin ce qui se passe dans chaque procédé et en décomposant rigoureusement les diverses transformations d'énergie qui se produisent.

Dans les uns, que nous appellerons *fours électriques électrolytiques*, la base du procédé est la transformation de l'énergie électrique en énergie chimique, pour obtenir des décompositions chimiques électrolytiques que l'électrolyse se fasse par voie humide ou par voie sèche.

Dans les autres, que nous désignerons sous le nom de *fours électriques électrothermiques*, l'électricité est uniquement utilisée pour produire de la chaleur, c'est la transformation de l'énergie électrique en énergie thermique qui est la base du procédé.

Cette distinction n'avait pas été précisée jusqu'à

l'apparition des fours de M. Moissan dans lesquels
l'action calorifique du courant est nettement sépa-
rée de son action électrolytique.

Aussi croyons-nous devoir appeler particulièrement l'attention du lecteur sur ce point de l'utilisation de l'électricité à la production des plus hautes
températures connues, cette utilisation des effets
thermiques de l'arc électrique étant le point de départ de très intéressants et très nombreux progrès
scientifiques et industriels.

Nous avons vu par la loi de Joule qu'avec un
courant d'intensité I la chaleur dans un circuit
dont la résistance est R est :

$$R \times I^2 \times 0,24 \text{ calories par seconde}$$
$$\text{et en un temps } t : R \times I^2 \times 0,24 \times t.$$

Nous voyons donc que la chaleur, dans un circuit de résistance donnée, croît avec l'intensité du
courant et n'a pour limite que la température de
vaporisation de la substance dont est fait le circuit.

Mais si l'on place les matières que l'on veut
mettre en réaction dans l'arc même, il devient
difficile de séparer les actions électrolytiques des
actions calorifiques du courant, sans compter que
la vapeur de carbone et les impuretés des électrodes, qui le plus souvent sont loin d'être négligeables, interviennent rapidement et compliquent encore les conditions de l'expérience, d'autant plus
que l'on opère souvent sur de petites quantités de
matières et pendant un temps très court.

C'est ainsi que sont presque tous les fours électriques, soit que le creuset forme l'une des électrodes et que le courant traverse la masse à fondre, soit que l'on place une âme de graphite au milieu des matières à combiner.

Tout autres sont les fours électriques dans lesquels l'énergie électrique n'est utilisée que par sa transformation en énergie thermique. Dans ceux-là les matières à traiter sont placées en dehors de l'arc pour être soumises à la température élevée produite par ce dernier.

Cette température atteint, d'après M. Violle, 3.500° au maximum, température à laquelle se vaporise le charbon composant les électrodes.

Nous avons indiqué avec la formule exprimant la loi de Joule, que la chaleur d'un circuit électrique croît avec l'intensité du courant. Il faut bien remarquer que cette formule ne peut servir à calculer la température de l'arc ; elle indique avant tout la puissance qui apparaît entre deux points d'un circuit sous forme de chaleur et montre que cette chaleur dans un circuit de résistance R croît comme le carré de l'intensité.

Quoiqu'il soit difficile d'établir une formule établissant exactement la chaleur produite par l'arc électrique, l'étude de cet arc, qui peut être considéré comme une étincelle électrique, entretenue par la volatilisation du charbon produisant entre les pointes voisines des électrodes une atmosphère rendue conductrice par sa température élevée, il ressort qu'il n'est pas nécessaire d'une tension élevée pour produire l'arc, mais que l'augmentation de l'intensité du courant augmente la température et le champ d'action de l'arc en produisant une volatilisation plus grande.

C'est du reste ce qui résulte des travaux de M. Moissan, qui a mis en évidence la relation qui existe entre la propriété calorifique du courant et son intensité, notamment par ses recherches sur la production du titane. Sous l'action d'un mélange déterminé, un mélange d'acide titanique et de charbon se transforme à l'air libre en protoxyde de titane ; si l'on augmente l'intensité, il y a formation d'azoture de titane ; et, pour une intensité encore plus grande, on obtient finalement du carbure de titane, le carbone étant le plus réfractaire des corps simples.

Cette classification des fours électriques bien établie, nous allons passer en revue les principaux types de fours électriques proposés jusqu'à maintenant, et dans lesquels l'action calorifique du courant joue un rôle, sans nous inquiéter des fours électriques électrolytiques, qui n'ont pas à être étudiés dans cet ouvrage.

Nous nous bornerons même, dans cette description de fours, aux types les plus intéressants, la question n'ayant pas à être traitée complètement ici, et nous laisserons tout à fait de côté les nombreux modèles de fours décrits et même brevetés par des inventeurs à l'imagination féconde, mais qui malheureusement n'ont qu'une connaissance trop incomplète de la science de l'électricité pour pouvoir prétendre être les novateurs d'un réel progrès scientifique ou industriel, et qui n'ont proposé que des fours n'ayant jamais fonctionné que sur le papier ou dans leur imagination et ne pouvant avoir une application pratique.

Le premier appareil intéressant date du 27 mai 1879. Il apparaît pour la première fois à l'Exposition internationale d'électricité en 1881, présenté par Sir William Siemens. Ce dernier en a rendu compte dans les *Annales de Physique et dé Chimie*.

Il est du reste le type de presque tous les appareils du même genre qui ont été imaginés depuis cette époque, avant les fours électriques de M. Henri Moissan, fours qui marquent, ainsi que nous le verrons plus loin, une étape nouvelle dans l'ère des fours électriques par la séparation complète de l'action calorifique du courant de son action électrolytique.

Le four de M. Th. L. Willson est en tous points semblable au four de Siemens.

FOURS DE SIEMENS

L'appareil consiste (fig. 20), en un creuset ordinaire *a*, en plombagine ou en tout autre matière réfractaire, placée dans une enveloppe extérieure métallique, l'espace intermédiaire *b* est rempli de charbon de bois tassé ou de toute autre matière peu conductrice de la chaleur.

Le fond du creuset est percé d'un trou pour le passage d'une tige de fer, de platine ou de charbon dense *c* que l'on emploie ordinairement pour l'éclairage électrique; le couvercle du creuset est aussi percé pour le passage de l'électrode négative *d*, cons-

tituée, de préférence, par un cylindre comparativement volumineux de charbon comprimé. L'électrode négative est suspendue par une lame de cui-

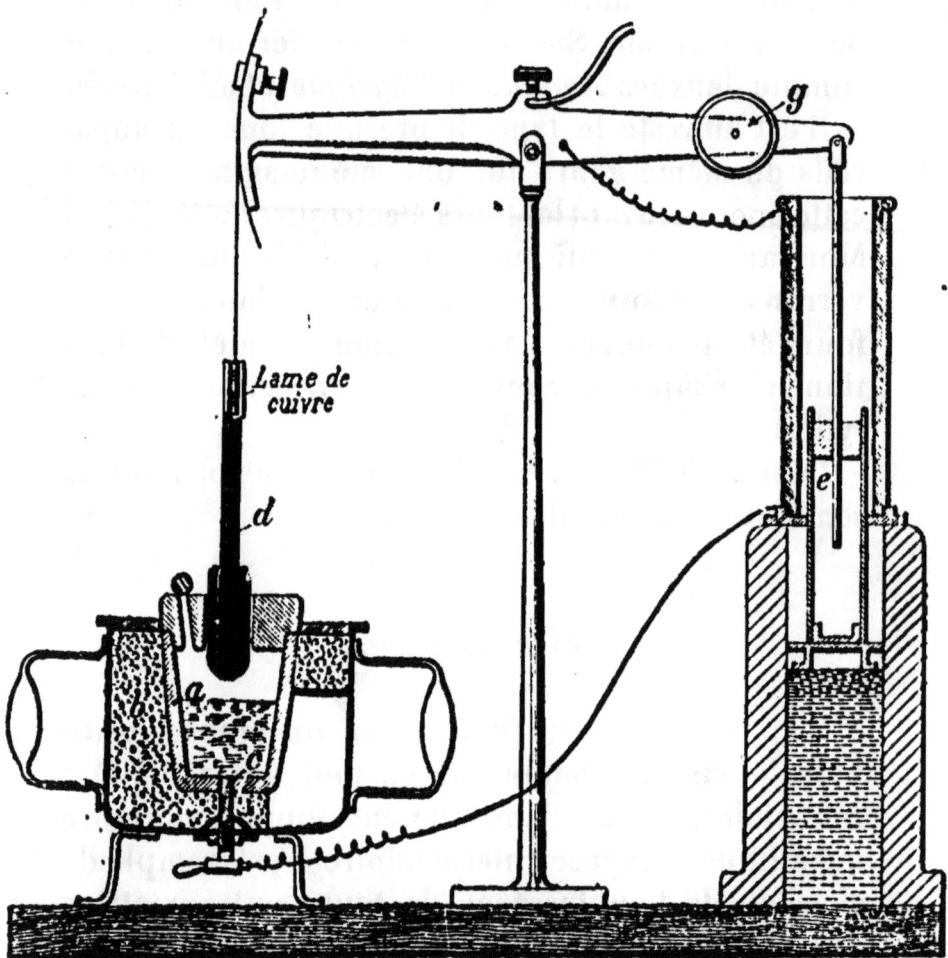

Lame de
cuivre

d

a

g

e

Fig. 20.

vre ou de tout autre métal bon conducteur, à l'extrémité d'un balancier pivotant autour de son milieu, l'autre extrémité du balancier porte un cylindre
creux en fer doux e, libre de se mouvoir verticale-

ment dans un solénoïde présentant une résistance d'environ 5o ohms.

On peut faire varier le balourd du balancier vers le solénoïde au moyen d'un contrepoids mobile *g*, de manière à équilibrer la puissance magnétique avec laquelle le cylindre en fer doux est attiré dans le solénoïde.

L'une des extrémités du solénoïde est reliée au pôle positif et l'autre au pôle négatif de l'arc voltaïque, à cause de la grande résistance qu'il oppose au passage du courant, la force attractive que ce solénoïde exerce sur le cylindre en fer est proportionnelle à la force électromotrice entre les deux électrodes, ou, en d'autres termes, à la résistance de l'arc même.

La résistance de l'arc est déterminée et fixée à volonté, dans les limites permises par la puissance du courant, en faisant glisser le contrepoids sur le balancier. Si la résistance de l'arc augmente, pour n'importe quelle cause, la force du courant qui traverse le solénoïde augmente aussi, et sa force magnétique, entraînant le contrepoids, force l'électrode négative à descendre dans le creuset; si la résistance de l'arc tombe au-dessous de la limite fixée, le contrepoids abaisse le cylindre de fer doux dans son hélice, et la longueur de l'arc augmente jusqu'à ce que l'équilibre se rétablisse entre les forces en jeu.

Des expériences exécutées avec de longs solénoïdes ont démontré que la force attractive exercée sur le cylindre de fer ne doit varier que très peu, pour qu'il se déplace de plusieurs centimètres ; cette circonstance permet de conserver avec une amplitude de cette longueur, une action presque uniforme de l'arc.

Ce règlement automatique de l'arc est essentiel aux bons résultats de l'électro-fusion ; sans lui la résistance de l'arc diminuerait rapidement avec l'accroissement de la température de l'atmosphère du creuset, et il se développerait de la chaleur dans la machine magnéto-électrique. D'autre part, une chute soudaine ou une variation brusque de la résistance du métal soumis à la fusion accroîtrait subitement la résistance de l'arc, jusqu'à presque l'éteindre, si cet ajustement automatique n'avait pas lieu.

Une des autres conditions essentielles au succès de l'électro-fusion est de constituer le pôle positif de l'arc voltaïque par le métal que l'on veut fondre (1). On sait, en effet, que c'est surtout au pôle positif que la chaleur se développe, et la fusion de la matière qui forme ce pôle l'opère avant même que le creuset ait été porté à la température de fusion. Ce principe ne peut s'appliquer qu'à la fusion des métaux et des autres conducteurs électriques, tels que les oxydes métalliques. Dans la conduite de ce fourneau électrique, il faut d'abord dépenser quelque temps pour porter le creuset à une température très élevée, mais la chaleur s'y accumule néanmoins avec une rapidité surprenante. En em-

(1) Nous ferons remarquer que nous citons la description de l'auteur, nous réservant de montrer plus loin que ses affirmations ne sont plus exactes depuis les travaux de M. Moissan.

ployant une paire de machines dynamos-électriques
capables de produire un courant de 70 ampères,
avec une force de 7 chevaux-vapeur, et qui donnerait une lumière de 1200 bougies, on pouvait porter en un quart d'heure, à la température de la chaleur blanche, un creuset de o m. 20 de hauteur, en-

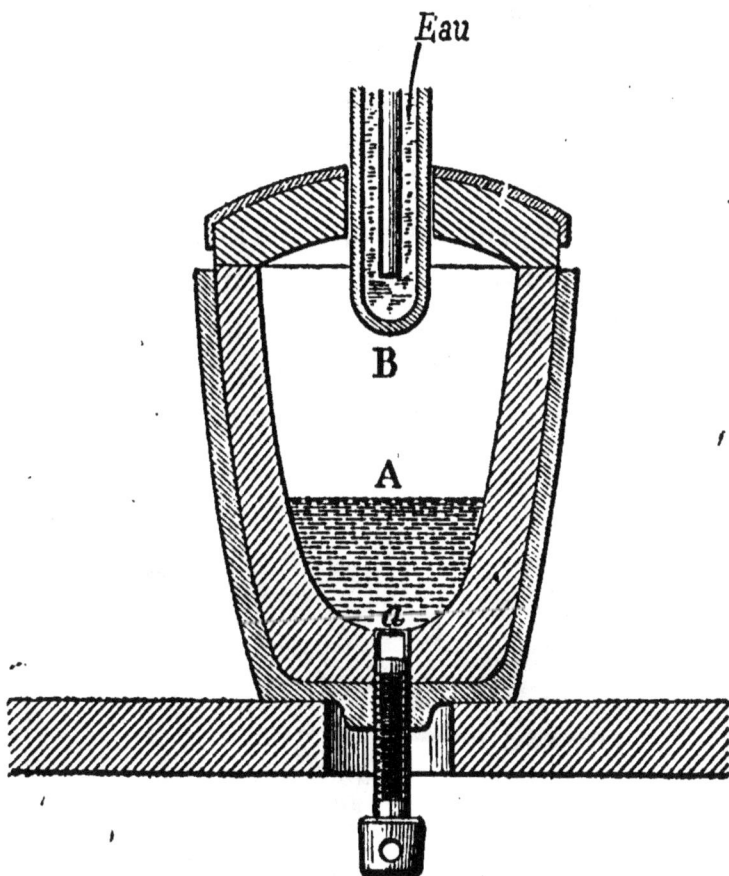

Fig. 21.

touré de matières non conductrices. On pouvait y
fondre en un quart d'heure 2 kg. d'acier.'

La réaction purement chimique que l'on se pro-

posait de réaliser dans le creuset pouvait être trou-
blée par la projection de particules détachées du
charbon comprimé qui forme le pôle négatif, bien
qu'il ne se consomme que très lentement dans une
atmosphère neutre. Pour éviter cet inconvénient,
Siemens a employé un pôle d'eau formé d'un tube
de cuivre parcouru par une circulation d'eau, de
sorte qu'il ne cède à l'arc aucune partie de sa substance. Ce pôle consiste simplement en un fort cylindre en cuivre, fermé à la partie supérieure (fig. 21),
muni d'un tube intérieur concentrique qui se
termine près du fond cylindrique, pour le passage
du courant d'eau. L'eau entre et sort de l'appareil
par un tuyau flexible en caoutchouc, ce tuyau étant
d'un faible diamètre peu conducteur, la portion
d'électricité qui se dérive du pôle vers le réservoir

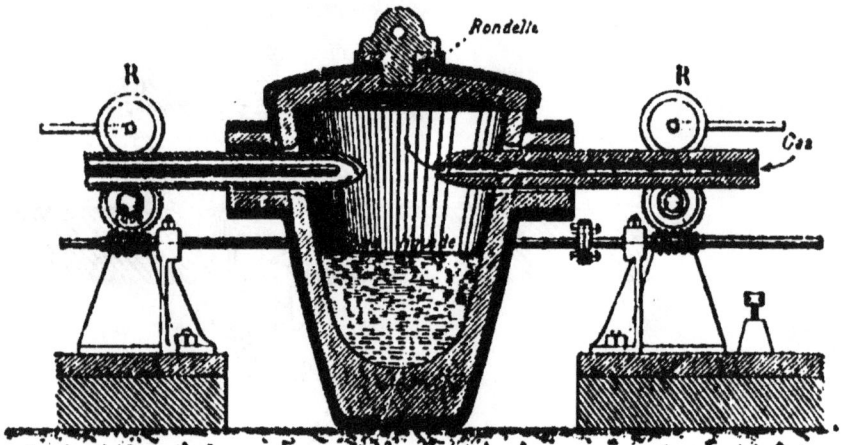

Fig. 22.

d'eau est négligeable. Il se perd, d'autre part, un
peu de chaleur par la conduction du pôle d'eau,

11

mais cette perte diminue à mesure que la température du fourneau augmente, d'autant plus que l'arc s'allonge, et que le pôle plonge de moins en moins dans le creuset.

Tel est le premier four électrique qui a paru en vue de l'utilisation des hautes températures.

Siemens a fait breveter en Angleterre un four électrique qui est assez semblable au four de M. Moissan. Malheureusement, il n'a jamais reçu la sanction de la pratique. Le brevet anglais est sous le nº 4208 de 1878. (fig. 22).

L'électrode A est en charbon ; l'électrode B consiste, comme dans la figure précédente, en un tube métallique qui peut être refroidi avec de l'eau ou de l'air froids. Les deux électrodes sont rapprochées ou écartées à l'aide des poulies rr et RR.

FOUR CLERC

A côté du four Siemens, nous trouvons cité dans une conférence de MM. Girard et Street (1), comme ayant fait son apparition à l'exposition d'électricité de 1881, un four électrique breveté par M. J. L. Clerc, en 1880. La description de ce four est la suivante : « L'appareil de M. Clerc était ouvert et se composait d'un creuset de magnésie ou de calcaire, traversé par deux électrodes horizontales. » (fig. 23)

(1) Conférence de M. Girard et Street à la Société Internationale des Electriciens, (avril 1896).

Cette trop sommaire description semblait indiquer une idée d'un réel intérêt, nous avons voulu

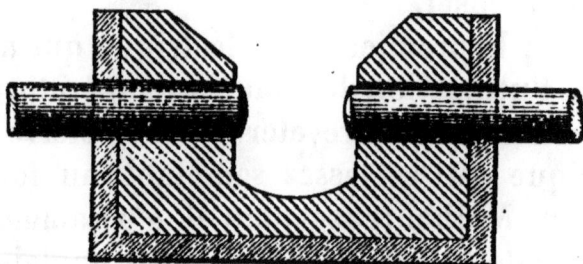

Fig. 23.

la compléter en nous reportant au brevet. Malheureusement, nos recherches ont été infructueuses.
Nous n'avons en effet trouvé en 1880 qu'un brevet

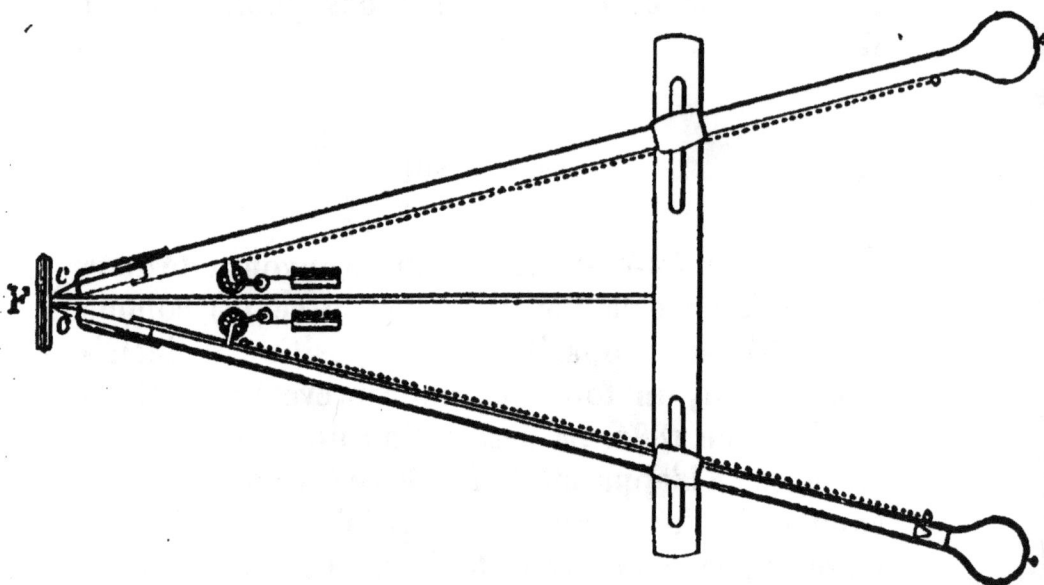

Fig. 24.

n° 134.519 pris le 13 janvier 1880, par M. J. L. Clerc,
pour un *brûleur électrique*, ayant pour objet la fixa-

tion de l'arc à l'extrémité des charbons au moyen d'un corps réfractaire porté à une haute température, lequel corps réfractaire ajoute son pouvoir éclairant à celui des charbons et de l'arc. (fig. 21).

Ce brûleur se compose de deux charbons qui sont inclinés l'un vers l'autre et sont poussés à mesure de leur usure par un poids ou une colonne liquide. Ils butent sur un bloc de matière réfractaire.

L'arc se produit entre les pointes de charbon, échauffe la matière réfractaire et forme une atmosphère élevée à une très haute température qui retient l'arc vers la pointe des charbons. De plus, la matière réfractaire entre en ignition et son pouvoir éclairant s'ajoute à celui de l'arc.

Malgré la meilleure bonne volonté, ce brûleur ne peut être confondu avec un four et malgré nos recherches nous n'avons pas trouvé d'autre brevet de M. J. L. Clerc, ni en 1880, ni de 1881 à juin 1896.

Il n'y a donc pas à attacher d'autre importance à ce soi-disant four, que nous n'avons cité que parce qu'il semblait intéressant comme creuset électrique, et qui n'a ni existé, ni fonctionné très probablement, mais qui, dans tous les cas, n'a jamais été breveté.

FOUR COWLES (1885)

Le four électrique qui présente le plus d'intérêt est certainement celui de Cowles. En 1885 en effet, MM. Alfred et Eugène Cowles prenaient une patente anglaise n° 6.994, au sujet d'un four électrique qui a été le début des intéressantes études entreprises par ces deux chimistes sur l'aluminium.

L'appareil se compose d'un cylindre A construit en silice, ou tout autre matière non conductrice de l'électricité (fig. 25).

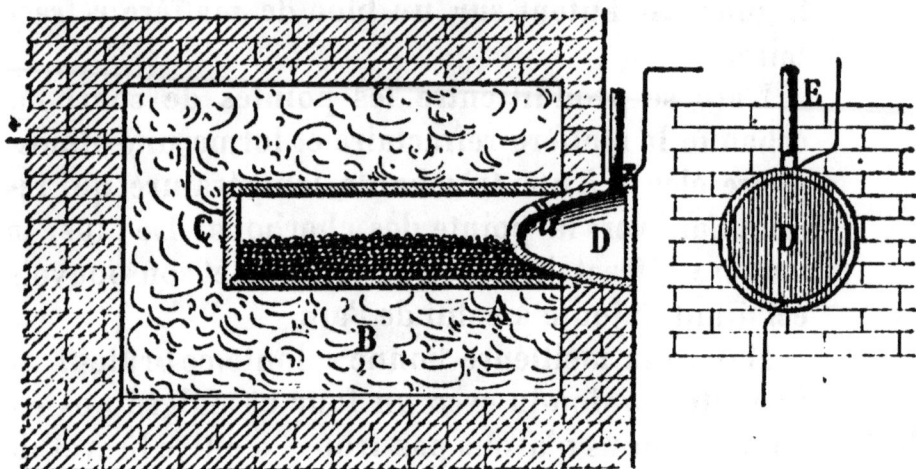

Fig. 25.

Ce cylindre est entouré de charbon de bois en poudre ou toute autre matière mauvaise conductrice de la chaleur B.

On reconnaît là le principe de Siemens.

Cette sorte de cornue est terminée d'un côté par une plaque de charbon C, qui constitue l'électrode positive; l'autre extrémité est fermée par un creuset en graphite D, constituant l'électrode négative.

Ce creuset, en même temps qu'il sert d'électrode négative, constitue une fermeture étanche pour la cornue et une chambre de condensation. La charge est introduite par l'ouverture que laisse le creuset.

Ce premier four servait à la réduction des minerais de zinc et d'aluminium.

FOUR GRABAU

Un des fours les plus importants qui apparaît ensuite est celui de M. Grabau. Celui-ci constitue un intéressant appareil de fusion et de réduction par l'arc voltaïque pouvant produire éventuellement des alliages.

Il est bien évident, comme le dit M. Grabau, dans son brevet n° 179.801 du 22 novembre 1886, que, quand on applique l'arc voltaïque aux opérations de fusion, il est d'autant plus difficile de régler l'arc et, par suite, la température du four que, dans le procédé ordinaire d'introduction des matières dans le four, par simple versement à la partie supérieure, la résistance de l'arc varie à mesure que le niveau de la masse en fusion s'abaisse.

Ces variations de résistance sont surtout considérables, quand il s'agit de fondre des matières ne possédant aucune conductibilité et qui flottent à la surface d'un métal liquide formant le pôle positif, comme cela se passe dans le four électrique de Siemens.

Ces matières arrivent facilement sur l'arc voltaïque et l'éteignent complètement. Ces inconvénients des procédés ordinaires sont complètement évités dans le four de Grabau, caractérisé par ce fait que la fusion n'est pas opérée directement par l'arc voltaïque, mais à l'intérieur du pôle liquide, au-dessous de la surface et par la chaleur du dit pôle.

Ce qui distingue encore le nouveau procédé, c'est que la matière à fondre n'est pas introduite par la partie supérieure du four, mais par le fond du creuset au-dessous du pôle liquide ; elle reste constamment au-dessous de la surface de ce pôle.

Le four se compose d'un creuset *a*, en terre réfractaire, dont le couvercle porte le pôle négatif *b* ; ce creuset est placé dans un récipient rempli de

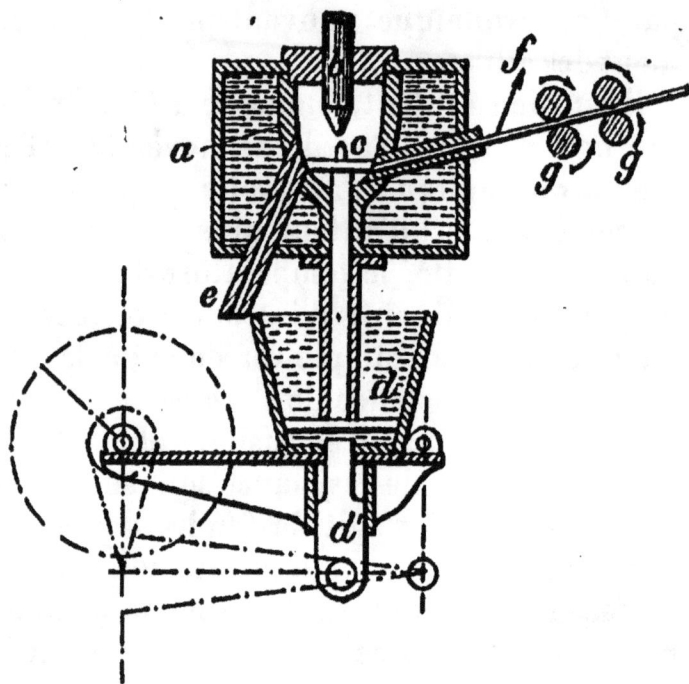

Fig. 26.

matières mauvaises conductrices de la chaleur. Dans la disposition ci-contre (fig. 26), la matière à fondre est traitée à l'état pulvérulent et introduite à l'aide d'une presse *d'*, à travers le fond du creuset en quantité convenable sous le pôle positif *c*.

Le liquide polaire qui s'écoule avec elle est constamment remplacé par la baguette métallique f, qui sert en même temps de conducteur électrique, et que l'on fait pénétrer dans le pôle liquide c de la quantité voulue à l'aide du mécanisme g.

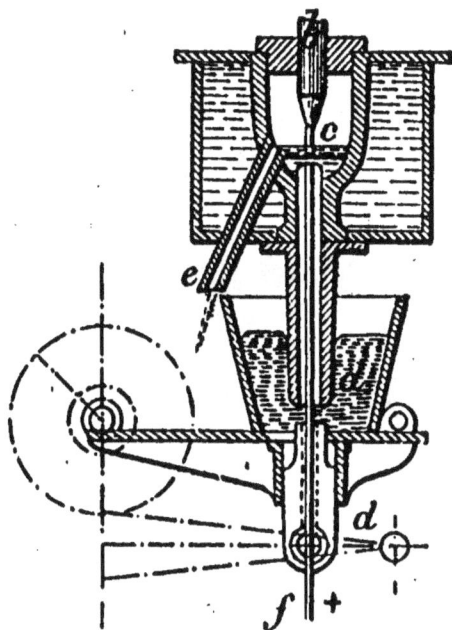

Fig. 27.

Comme l'indique la figure 27 ci-contre, le conducteur f peut être introduit par le fond du creuset en même temps que la matière à fondre d, et au milieu de la dite matière.

Enfin, comme on le voit dans la figure 28, la matière à fondre peut aussi être introduite sous forme de baguette, par le côté du creuset a, au-dessous de la masse polaire, et en même temps qu'elle.

On voit que la condition à remplir dans l'application de ce procédé est d'introduire la matière à

fondre au-dessus du niveau supérieur du pôle liquide, de telle sorte que la fusion est opérée uniquement par la chaleur du pôle et non pas directement par l'arc voltaïque.

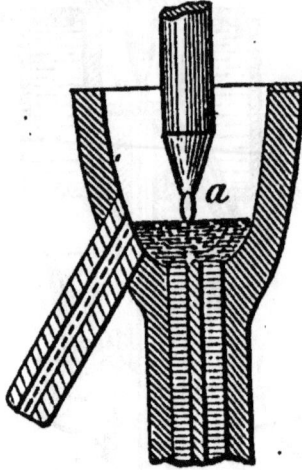

Fig. 28.

On peut se figurer la transmission de la chaleur
dans la matière polaire par couches concentriques
de température décroissante à partir du pôle proprement dit et où se trouve le maximum de température, de sorte que la matière à fondre commence
à s'échauffer dans les zones intérieures et fond
avant d'atteindre le pôle.

Le four Grabau pouvait parfaitement convenir
à la production des alliages et à la réduction des
minerais, et dans ce cas l'électrode positive qui doit
fondre avec le minerai est constituée par un métal
semblable à celui qui doit donner la réduction du
minerai.

Le procédé était applicable quand le minerai à réduire donne le métal à l'état de vapeurs comme pour le sodium par exemple. Les vapeurs qui se dégagent du carbonate de soude et du charbon montent dans le creuset et se condensent.

FOUR COWLES 1886.

Dans la même année 1886, MM. Cowles ont breveté un autre four dans lequel la matière à traiter

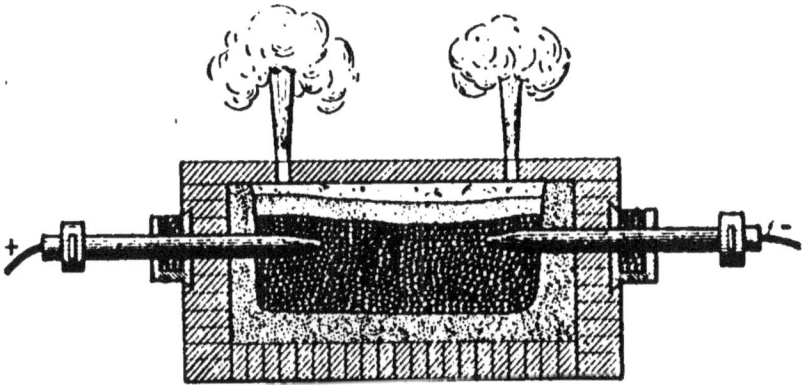

Fig. 29.

entourait deux électrodes en charbon très rapprochées au début et que l'on écarte au fur et à mesure de l'abaissement de la résistance dans le four. Nous en donnons un dessin (fig. 29).

FOUR ACHESON.

Enfin M. Acheson a imaginé le four qui lui a servi à la fabrication du carborundum ou siliciure de carbone, corps qui atteint la dureté du diamant. Le four d'Acheson (fig. 3o) présente une très grande analogie avec le four de Cowles que nous venons de citer. Il consiste en une enceinte rectangulaire en

Fig. 3o.

briques réfractaires de 1 m. 83 de long sur o m. 46 de large et de o m. 3o de profondeur. Aujourd'hui M. Acheson emploie des fours beaucoup plus longs.

A est un massif en maçonnerie, B représente le mélange soumis à l'action calorifique du courant, G est la couche de carborundum commercial, D est le noyau central conducteur, E les électrodes en charbon et G une couche de carborundum impur, W le siliciure de carbone impur (fig. 31).

Après le refroidissement on trouve : (fig. 31).

1° G une enveloppe d'un noir brillant autour d'un noyau central conducteur, au voisinage immédiat de celui-ci on trouve des cristaux de graphite ; plus loin un mélange de cristaux de carborundum et de graphite à raison de 66 o/o du graphite et de 34 o/o de carborundum. Le carborundum de cette zone G renferme 3o,5 o/o de carbone et 68,3 de silicium à côté d'une petite quantité de fer et de chaux ;

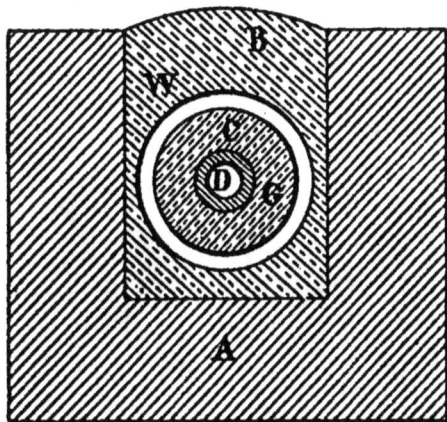

Fig. 3ı.

2° La zone G est constituée par le carborundum marchand ;

3° La zone W est une gaîne d'un blanc verdâtre, constituée par du siliciure de carbone amorphe, de valeur nulle ;

4° Enfin la zone B représente le mélange primitif inattaqué.

L'âme ou noyau central conducteur en graphite divise forcément le courant en formant un grand nombre d'arcs plus petits et d'intensité variable. A la place d'un arc unique, ce four présente une cascade d'arcs dont la puissance calorifique changeait à tout instant.

FOUR COWLES (1887)

Un peu plus tard, en 1887, MM. Cowles ont construit un four continu présentant un réel intérêt :
(fig. 32).

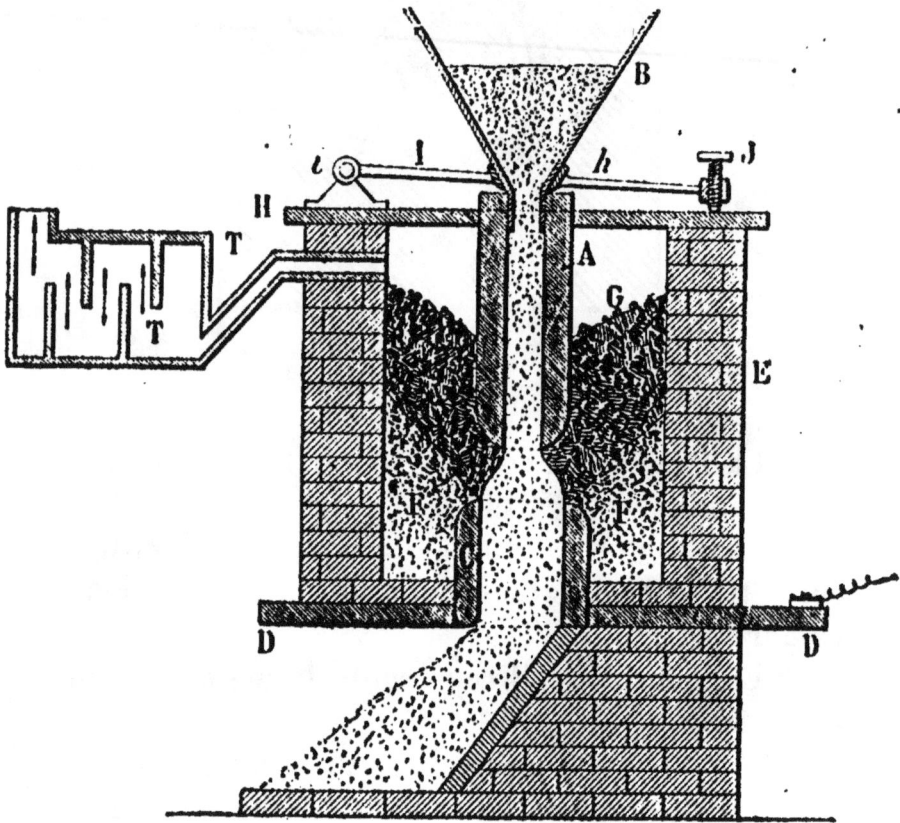

Fig. 32.

A est un tube en charbon qui constitue l'électrode
positive, B est une trémie d'alimentation fixée à
l'électrode A par sa partie inférieure, C est l'élec-

trode négative en charbon de forme tubulaire fixée à la plaque D montée à la partie inférieure du four.

Les parois E du four sont en briques réfractaires et briques de silice. F est un remplissage de charbon de bois E ou de chaux et charbon mélangés qui entoure C et l'isole électriquement et calorifiquement. G est un remplissage analogue au précédent qui entoure la zone de fusion entre les deux électrodes. Le grain de ce remplissage est plus gros afin de permettre aux gaz qui accompagnent les réactions de s'échapper par le tube T qui les amène au condenseur *t*.

La partie supérieure du four est fermée par la plaque H munie d'un orifice *h* à travers lequel glisse librement l'électrode positive. Un levier I pivotant autour de l'axe *i* permet, à l'aide de la vis J, d'élever ou d'abaisser l'électrode A de manière à augmenter ou diminuer la zone de fusion ou compenser l'usure des électrodes.

Nous citerons ensuite les fours Héroult, inventeur français, qui incontestablement a fait faire un grand progrès à la question des fours électriques et plus particulièrement à la production de l'aluminium.

FOURS HÉROULT.

Les fours d'Héroult sont appliqués pour la fabrication de l'aluminium à Lauffen-Newhausen, près de Schaffouse, par la Société électro-métallurgique suisse et à Froges, par la Société électro-métallurgique française. Nous décrirons sommairement le

procédé en tant que four électrique bien que cet
appareil rentre plutôt dans la classe des fours à
électrolyse. On place au fond du creuset en charbon

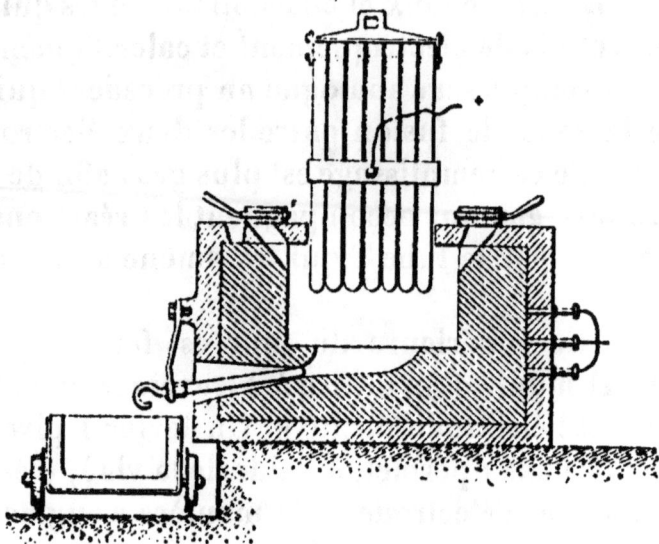

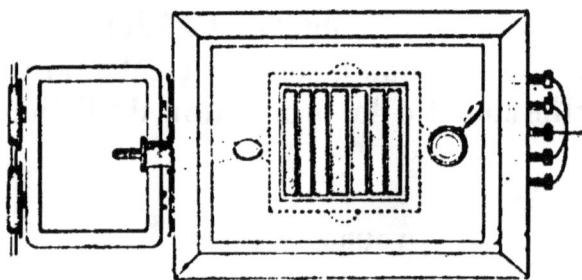

Fig. 33, 34.

conducteur enfermé et consolidé par une caisse en
fer, du cuivre en morceaux que l'on fond par le passage d'un courant ; puis on y verse l'alumine sous
forme de terre argileuse.

L'alumine fond et se décompose en oxygène qui brûle les plaques de charbon plongeant dans le bain et reliées au pôle positif de la source d'électricité, le creuset en charbon étant relié au pôle négatif, il se forme donc de l'acide carbonique et de l'aluminium qui se combine avec le cuivre pour former des alliages de composition déterminée. Les fig. 33, 34 donnent le plan et la coupe du fourneau électrique.

Le courant électrique est fourni par deux dynamos Brown à 6 pôles de 6.000 ampères et 20 volts chacune pesant 10.000 kg. excitées par une dynamo de 300 ampères et de 65 volts. Les conducteurs qui amènent le courant au creuset sont des câbles de 7 à 8 centimètres de diamètre.

FOUR KILIANI.

M. Kiliani a donné en 1889 un dispositif (fig. 35, 36) dans lequel l'électrode positive *e* reçoit un mouvement de pendule au moyen du train lik qui lui imprime un mouvement de rotation dans le bain *b*, dont le récipient fixe constitue l'électrode négative.

L'électrode positive est en lames de poussier de charbon de cornue aggloméré avec 25 à 30 o/o de goudron séché lentement pendant quatre jours dans une étuve à 150°.

L'électrode négative en cuivre débouche au fond de la cuve *b* sous une couche de graphite aggloméré.

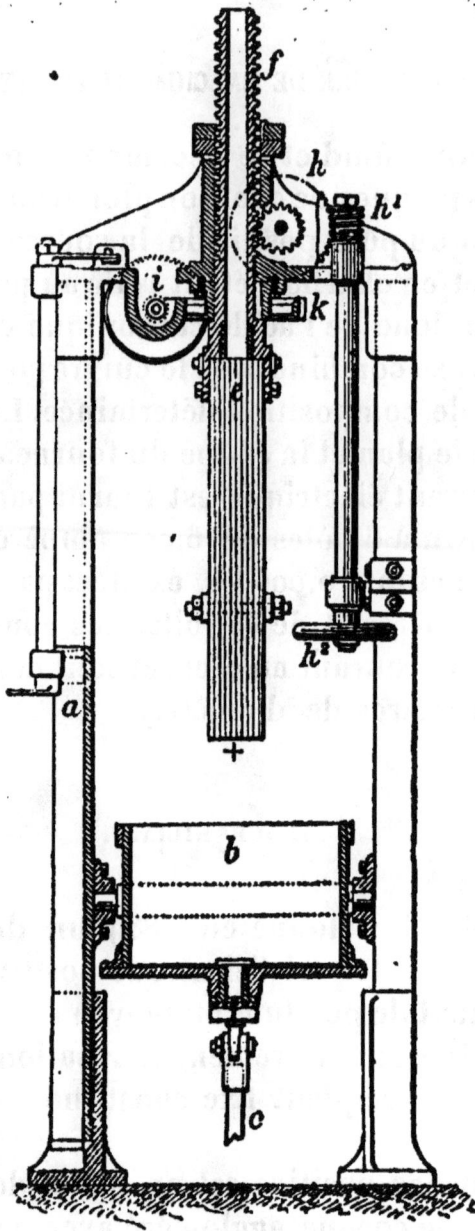

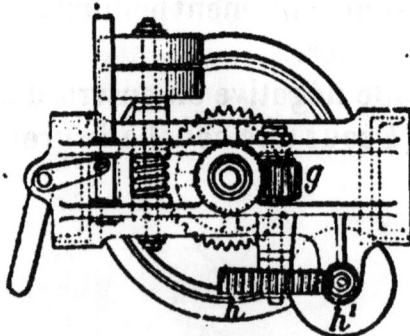

FOUR WILLSON

En 1890 apparaît le premier four de M. Willson, (fig. 37) qui ressemble d'ailleurs beaucoup à celui qu'il revendique dans les patentes américaine et al-

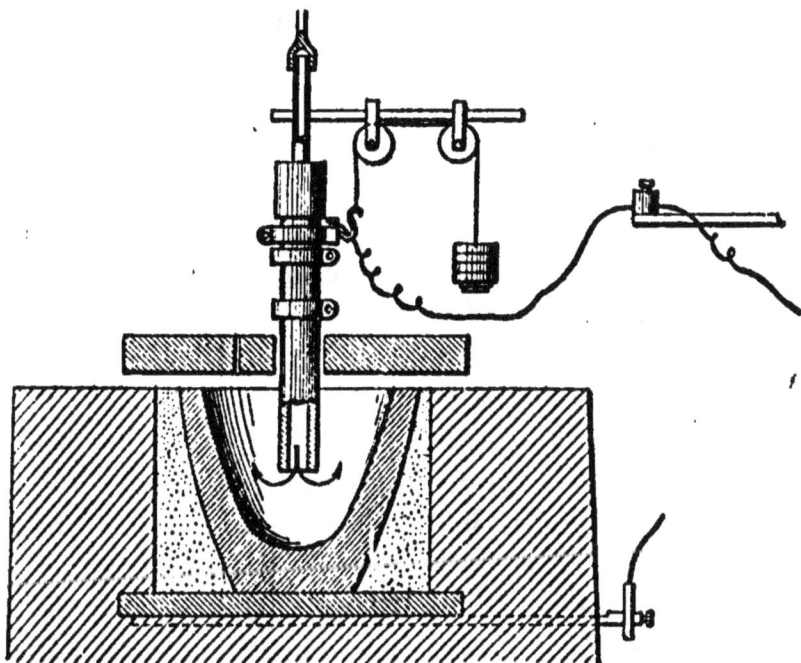

Fig. 37.

lemande dont il a été question dans notre historique ; ce four a pour but de diminuer l'usure de l'anode dans les fours électriques mixtes à action calorifique et électrolytique. Dans ce but, l'anode est constituée par un tube en charbon à l'intérieur duquel il est envoyé un jet d'hydrogène, de gaz d'éclairage ou d'un hydrocarbure semblable.

. Le four qu'il emploie pour la fabrication du carbure de calcium et qu'il a donné dans son brevet
américain est le suivant (fig. 2) : A représente la
maçonnerie du four ou d'une batterie de fours, B
constitue le charbon graphiteux du fond du four et C.
la barre ou crayon de charbon constituant l'électrode
mobile, et D la dynamo génératrice du courant.

Des balais de la dynamo partent deux conducteurs, l'un *w* communique avec le revêtement intérieur B et l'autre *w'* avec le crayon mobile : les con-
nexions sont généralement faites de la façon suivante : le conducteur *w* est relié à un méplat *a* réuni
à une barre *b* placée sous le creuset, et le fil *w'* est
relié à une douille en fer *c* embrassant le sommet du
crayon mobile. Le bâti est généralement en briques
réfractaires, qui conduisent mal l'électricité et le
fourneau est recouvert avec deux plaques de charbon E ayant un trou central à travers lequel le crayon
de charbon C pénètre dans le creuset.

Pour recueillir le résultat de la fabrication (1),
c'est-à-dire le carbure de calcium (2), il existe un
trou de coulée *d*, qui pendant l'opération est fermé
par un tampon d'alumine, d'argile ou de toute autre matière réfractaire. Les plaques de charbon re-
posent sur les murs A de la maçonnerie de face du
four, ils obturent ainsi le creuset, laissant un espace *f* pour éviter les court-circuits entre B et E.

Le régulateur, ou volant qui termine l'appareil,
permet d'imprimer au pôle C un mouvement de

(1) Premier brevet américain (1893).
(2) Brevet allemand de 1895. Remarquons que c'est le même
four.

montée ou de descente. Tel est le four que M. Willson employait en 1893 pour la réduction des oxydes réfractaires sans fusion et qu'il a trouvé excellent ensuite pour fabriquer du carbure de calcium fondu. C'est, en effet, le même four qu'il décrit dans son brevet allemand.

Le four est intéressant, il est cependant à peu de chose près la répétition du premier four de Siemens.

FOURS MOISSAN

Les fours de M. Moissan diffèrent notablement de tous ceux-ci et quoique n'étant que des appareils de laboratoire ils permettent par leur construction même d'édifier des fours industriels légèrement calqués sur eux.

Ainsi que nous l'avons fait ressortir dans la classification des fours électriques, les fours de M. Moissan sont les premiers dans lesquels l'arc électrique n'est employé que comme source de chaleur, les matières à traiter étant placées en dehors de l'arc.

M. Moissan, en effet, a tout d'abord demandé à l'électricité le moyen d'obtenir pour ses travaux des températures supérieures à 2.000°, limite que l'on ne pouvait dépasser avec le chalumeau à oxygène d'Henri Sainte-Claire Deville et Debray.

Dans ces fours électriques que nous allons décrire (1), l'arc possède une grande régularité pen-

(1) Note de M. Moissan sur quelques modèles nouveaux de fours électriques à reverbère et à électrodes mobiles (*Annales de Chimie et de Physique*, 7ᵉ série, t. IV, mars 1895 et comptes-rendus de l'Académie des sciences, *décembre 1892*).

dant toute la durée de l'essai et leur maniement est
des plus simples. Ils se distinguent de tous ceux connus jusqu'alors par ce fait qu'ils permettent de soumettre les substances à traiter à la chaleur d'un arc
produit par un courant de grande intensité, cette
chaleur étant concentrée dans un four en chaux ou
carbonate de chaux, matières les plus mauvaises
conductrices de la chaleur existantes.

Le premier appareil qui a servi à M. Moissan dans
ses remarquables études sur la reproduction du diamant s'est peu à peu modifié au fur et à mesure de
ses travaux et il a donné une série de modèles simples et pratiques qu'il a divisés de la façon suivante :

1° *Four électrique en chaux vive ;*

2° *Four électrique en carbonate de chaux pour
creusets ;*

3° *Four électrique à tube ;*

4° *Four électrique continu ;*

5° *Four à plusieurs arcs.*

Four électrique en chaux vive (1).

Il se composait de deux briques de chaux bien
dressées et appliquées l'une sur l'autre. La brique
inférieure porte une rainure longitudinale qui reçoit les deux électrodes, et au milieu se trouve une
petite cavité servant de creuset, fig. 1.

Cette cavité peut être plus ou moins profonde et

(1) Henri Moissan. Sur un nouveau modèle de fours électriques (*Comptes-rendus*, t. CXV, p. 988).

contient une couche de quelques centimètres de la
substance sur laquelle doit porter l'action calorifique de l'arc. On peut aussi y installer un petit creuset de charbon renfermant la matière qui doit être
calcinée. La brique supérieure est légèrement creu-
sée dans la partie qui se trouve au-dessus de l'arc.
La puissance calorifique de l'arc ne tarde pas à fondre la surface de la chaux en lui donnant un beau
poli ; on obtient ainsi un dôme qui réfléchit toute
la chaleur sur la petite cavité qui contient le creuset. Les électrodes sont rendues facilement mobiles
au moyen de deux supports que l'on déplace, ou
mieux de deux glissières qui se meuvent sur un ma-
drier.

Dans ce four, nous le ferons encore remarquer
pour bien souligner ce qui le différencie de ceux
employés jusqu'ici, la matière n'est pas en contact
avec l'arc électrique, c'est-à-dire avec la vapeur
de carbone.

De plus, c'est un four électrique à réverbère avec
électrodes mobiles, point qui a une très grande importance. En effet, dans la conduite d'une expérience on peut soit allonger, soit raccourcir l'arc
à volonté, ce qui montre qu'elle simplifie beaucoup
la conduite des expériences.

Disposition du four (fig. 38).

Pour un courant de 35 à 40 ampères et de 55 volts,
la brique inférieure a pour dimensions : o m. 16 à
o m. 18 de long, o m. 15 de large et o m. 08 d'épaisseur.

La partie supérieure qui forme le couvercle a une épaisseur de o m. o5 à o m. o6. On pourrait, avec

Fig. 38.

un appareil de cette dimension, aller jusqu'à 100 et 125 ampères et 5o à 6o volts.

Avec des courants à plus haute tension il est utile d'augmenter de 2 cm. à 3 cm. les trois dimensions du four.

Avec des fours de 22 à 25 cm. de long, on peut employer un arc de 45o ampères et 75 volts.

La chaux employée dans ce four est une chaux légèrement hydraulique appartenant au bassin parisien et dite « du banc vert ».

Les électrodes sont faites de cylindres de charbon aussi exempts que possible de matières minérales. On doit les faire avec du charbon de cornue réduit en poudre et choisi dans le dôme de la cornue. Cette poussière de charbon est lavée aux acides pour la débarrasser autant que possible du fer qu'elle contient, elle est ensuite lavée et calcinée et finalement agglomérée au moyen de goudron. Les cylindres sont formés par une pression qui doit être très élevée et très régulière ; enfin, ils sont séchés avec précaution et calcinés à une température très élevée. Les électrodes en charbon de cornue ont l'inconvénient de s'élargir en forme d'éventail, au moment où le carbone se transforme en graphite.

On doit rechercher si, pour faciliter la fabrication des électrodes indiquées plus haut, on n'a pas ajouté au charbon soit de l'acide borique, soit des silicates ; M. Moissan refusait tout charbon contenant ces matières et qui renfermait plus de 1 o/o de cendres.

Pour les petits fours en chaux vive, on employait des électrodes de 20 cm. de longueur et 12 mm. de diamètre. Avec les tensions de 120 ampères et de 5o volts on prenait des cylindres de 4o cm. de longueur et de 16 à 18 mm. de diamètre. En marchant avec une machine de 4o à 45 chevaux, on emploie des électrodes de o m. 4o et o m. 027 de diamètre.

Les extrémités des électrodes entre lesquelles l'arc doit jaillir sont taillées en cônes bien pointus. Cette précaution est importante surtout pour les petites tensions.

Lorsqu'on l'oublie, il est parfois très difficile de rallumer l'arc lorsqu'il s'est éteint au début de l'expérience. Sous les tensions de 35o ampères et 6o volts, on n'employait qu'une seule électrode terminée en pointe ; la section de l'autre restait plane.

D'ailleurs toute difficulté disparaît dès que le four est chaud et qu'il est rempli de vapeur bonnes conductrices qui permettent d'étendre l'arc et au besoin de le rallumer avec la plus grande facilité.

Creusets. — Les premiers employés étaient en charbon de cornue faits au tour et en un seul morceau. (fig. 39).

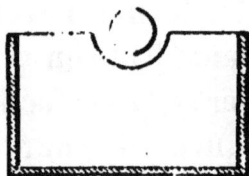

Fig. 39.

Ils ont la forme d'un cylindre et portent deux encoches placées aux extrémités d'un même diamètre et assez grandes pour laisser passer avec facilité les électrodes.

Avec des machines de 4 à 8 chevaux les creusets ont les dimensions du croquis.

La transformation de ces creusets de charbon en graphite les fait gonfler, c'est un inconvénient ; il vaut mieux avoir des creusets en agglomérés, faits au moule, par compression et d'une seule pièce ; ils conservent leurs formes sous l'action des plus hautes températures.

Après l'expérience, ils sont simplement formés par un feutrage assez fin de lamelles de graphite possédant une rigidité suffisante.

Il est utile de maintenir un espace annulaire vide autour du creuset, de sorte que les rayons calorifiques réfléchis par le dôme puissent l'envelopper complètement.

Dans ce four, on obtient immédiatement un carbure de calcium puisque la chaux est réduite à la haute température de l'arc par le carbone ; mais pour le préparer cristallisé, il faut placer le mélange défini dans le creuset du four.

Il faut alors, pour chauffer convenablement le creuset, tasser une couche de magnésie au fond de la cavité du four.

L'oxyde de magnésium est, en effet, le seul oxyde irréductible par le charbon, que M. Moissan ait rencontré.

Lorsque l'expérience dure assez longtemps, la magnésie peut fondre, se combiner à la chaux déjà liquide qui existe dans le four, se volatiliser même sans fournir de carbure.

Conduite de l'expérience. — M. Moissan, dans le compte rendu de ses fours aux *Annales de Physique et de Chimie,* a pris comme exemple l'expérience qui démontre la volatilisation de la chaux vive.

La chose étant d'un très vif intérêt, je la reproduit *in-extenso*.

« Nous n'avons pas besoin ici, dit-il, de creuset, puisque nous opérons sur la matière même du four. On commence par découper dans la brique inférieure une petite cavité de 2 cm. à 3 cm. de profondeur. Les électrodes sont ensuite placées dans les rainures et fixées par une pince aux montants que supportent les glissières (voir la figure), enfin rapprochées à 2 cm. ou 3 cm. l'une de l'autre, de façon que la première se trouve exactement au-dessus du centre de la cavité. On fait passer le courant de la dynamo dans le circuit, et en approchant lentement la seconde électrode de la première, on établit le contact et l'arc jaillit.

On perçoit aussitôt une odeur très pénétrante d'acide cyanhydrique. La petite quantité de vapeur d'eau qui se trouve dans les électrodes, fournit avec le carbone de l'acétylène. Ce gaz, en présence de l'azote que renferme le four au début de l'expérience, réalise, sous l'action puissante de l'arc, la belle synthèse de l'acide cyanhydrique découverte par M. Berthelot.

La lumière émise par le four électrique, colorée par la flamme du cyanogène, a pris, tout d'abord, une belle teinte pourpre, qui disparaît bientôt. Il faut avoir soin, dès le début, de ne pas trop écarter les électrodes; lorsque le four est encore froid, l'arc s'éteint avec facilité. Quelques instants plus tard, il n'en est plus de même; on peut alors donner à l'arc une longueur un peu plus grande. Au début, l'arc même avec des courants intenses n'atteint pas 1 cm., tandis qu'à la fin de l'expérience, il possède en général, une longueur de 2 cm. à 2 cm. 1/2. Si le four est rempli d'une vapeur métallique bonne conductrice (aluminium par exemple), on doit éloigner les électrodes de 5 cm. à 6 cm. La grandeur de l'arc sera donc réglée d'après la marche du voltmètre, de façon à avoir toujours une résistance à peu près constante et à maintenir la dynamo dans son régime normal.

Après trois à quatre minutes avec un courant de 360 ampères et 70 volts, les électrodes ne tardent pas à rougir, des flammes éclatantes de 40 cm. à 50 cm. de longueur jaillissent avec force par les ouvertures qui donnent passage aux électrodes de chaque côté du four (fig. 40). Ces flammes sont surmontées de torrents de fumées blanches qui sont produites par la volatilisation de la chaux et qu'il est facile de condenser en partie sur un corps froid.

Ces vapeurs se répandent dans l'atmosphère et restent plusieurs heures en suspension.

Avec un courant de 400 ampères et 80 volts l'expérience se réalise en 5 à 6 minutes ; sous l'action d'un courant de 800 ampères et 110 volts on peut volatiliser en 5 minutes plus de 100 gr. d'oxyde de calcium.

Au début de la chauffe, l'arc possède une certaine mobilité et le four ronfle beaucoup, mais en peu d'instants les vapeurs métalliques augmentent la conductibilité, l'écoulement de l'électricité se fait avec régularité et sans bruit. La chaleur et la lumière deviennent alors très intenses à l'intérieur du four. Lorsque l'expérience est terminée, on enlève la brique de chaux supérieure et l'on remarque de suite que la partie soumise à l'action calorifique de l'arc est absolument fondue. Avec une machine de 50 à 100 chevaux, il se forme souvent sur le couvercle de véritables stalactites de chaux fondue qui ont coulé lentement du dôme, puis se sont solidifiées à la fin de l'expérience ; ils ont ensuite l'apparence de la cire. »

La mauvaise conductibilité de la chaux vive a contribué utilement à la réussite des résultats obtenus par M. Moissan. Elle rend presque négligeable la déperdition de la chaleur produite par l'arc électrique. Les résultats obtenus avec des fours construits en magnésie ont été très inférieurs à cause de la conductibilité plus grande de la magnésie. Quant aux fours construits en charbon ils ont donné une perte énorme de calorique.

Fig. 40.

Après l'expérience le charbon positif ne présente que peu d'usure, tandis que le négatif est rongé plus ou moins profondément. Les extrémités des électrodes sur une longueur de 8 cm. à 10 cm. sont entièrement transformées en graphite.

Il faut prendre quelques précautions avec les courants à haute tension.

Lorsque le four est en pleine marche sous l'action d'une machine de 100 chevaux les vapeurs qui emplissent le four donnent lieu parfois à des courants dérivés dont il faut se garantir.

De même la lumière du four oblige à en faire autant pour les yeux.

Enfin, nous attirerons spécialement l'attention des industriels sur un dernier point. Lorsque l'on emploie un four en pierre calcaire, il se forme une grande quantité d'acide carbonique. Ce composé, au contact des électrodes portées au rouge et de la vapeur de carbone, produit d'une façon continue un dégagement d'oxyde de carbone. Les cylindres de charbon qui constituent les électrodes, en fournissent aussi une petite quantité. Ce gaz n'est brûlé qu'incomplètement et si l'on ne prend pas de grandes précautions pour ventiler les ateliers de fabrication, on ne tarderait pas à empoisonner tous les ouvriers par l'oxyde de carbone.

Cet empoisonnement se manifeste par des céphalées intenses, des nausées et une lassitude générale.

Ce premier modèle de four est celui qui a servi à M. Moissan pour la cristallisation des oxydes métalliques, pour préparer le graphite foisonnant, pour établir la facile volatilisation du carbone dans le silicium, dans le platine et dans un grand nombre de métaux.

La difficulté de trouver des blocs de chaux non gercés et bien homogènes a fait substituer assez rapidement le carbonate de chaux ou pierre à bâtir à la chaux vive.

Four en carbonate de chaux (fig. 41).

Ces fours présentent une plus grande solidité, et permettent de construire de plus grands fours économiquement.

Disposition du four. — On donne à la pierre la forme d'un parallélépipède dont la grandeur variera avec l'intensité du courant.

Fig. 41.

Avec une machine de 4 chevaux, le four sera formé par deux briques dont l'inférieure aura 10 cm. de hauteur, 18 cm. de longueur et 15 cm. de largeur.

Pour 45 chevaux $15 \times 20 \times 30$
100 — $20 \times 35 \times 30$

Il est bon, pour des fours de plus grandes dimensions, comme les fours industriels, de former la partie intérieure du four par un assemblage de plaques alternées de magnésie et de charbon, et il est nécessaire de dessécher bien complètement les blocs de calcaire qui servent à la construction du four.

Il faut malgré cela entourer les fours de frettes en fer, pour éviter les fentes, ou autres accidents.

Le creuset sera toujours placé sur un lit de magnésie surtout dans la fusion des oxydes métalliques autres que la chaux, pour éviter justement la formation du carbure de calcium, qui mettrait en peu d'instants les creusets hors d'usage.

Lorsque l'on veut condenser les vapeurs de corps difficilement volatilisables à haute température, M. Moissan emploie un tube métallique refroidi intérieurement par un courant d'eau. Ce dispositif a fourni d'intéressants résultats à Deville dans ses belles recherches sur la dissociation.

Électrodes. On peut répéter ici ce qui a été dit pour le four électrique en chaux vive.

Dans les grands fours on adopte des dispositions spéciales pour les machoires.

Lorsque l'on emploie des courants ayant des tensions de 1.200 à 1.400 ampères et 100 volts, les fours en chaux sont rapidement mis hors d'usage.

Dans des fours à capacité intérieure de 10 cm. on obtient de très mauvais résultats, fusion et volatilisation de la chaux, sifflement de vapeur par les ouvertures, crépitation et soulèvement du couvercle; on ne peut plus continuer le maniement du four.

Il faut alors avec les tensions élevées, creuser au milieu du four une cavité avec plaques de magnésie et de charbon. Ces plaques sont disposées de façon telle que la magnésie soit toujours au contact de la chaux vive et la plaquette de charbon à l'intérieur du four. L'oxyde de magnésium étant irréductible par le charbon ne pourra disparaître que par volatilisation tandis que, à ces hautes températures, la chaux fondrait au contact du charbon et produirait facilement le carbure de calcium liquide.

On peut faire de même pour le dessus de la cavité du four.

C'est avec cet appareil que M. Moissan a pu faire ses célèbres expériences sur la reproduction du diamant noir et du diamant transparent et cristallisé, préparer quelques kilogrammes et affiner le chrome, l'uranium, le tungstène, le molybdène, le zirconium et le vanadium.

C'est ce four qui lui a permis d'amener la silice et la zircone à l'état gazeux, de distiller ces composés, d'établir la volatilisation par la chaleur de l'arc, du cuivre, de l'aluminium, de l'or, du fer, de l'uranium, du silicium et du carbone.

C'est enfin ce four qui a permis à M. Moissan de préparer le siliciure de carbone, le borure de carbone, le borure de silicium, et enfin les carbures ou acétylures de calcium, de baryum et de strontium cristallisés et différents autres carbures.

Four à tube (fig. 42).

Pour éviter la formation des gaz acide carbonique, hydrogène, oxyde de carbone, qui remplissent le four et compliquent les réactions, M. Moissan a adopté une forme de four ainsi conçue : un bloc de pierre à grain fin (aussi complètement exempt de silice que possible) est coupé sous forme d'un parallélépipède possédant 15 cm. de hauteur, 30 cm. de longueur et 25 cm. de largeur.

Construit comme le four précédent, un tube de charbon traverse le four et les plaquettes latérales perpendiculairement aux électrodes. Il est disposé de façon à se trouver à 1 cm. au-dessous de l'arc et à 1 cm. au-dessus du fond de la cavité.

L'appareil, disposé dans ces conditions, peut être chauffé longtemps avec des courants variables d'intensité.

La partie du tube de charbon exposée à cette haute température se transforme entièrement en graphite.

Fig. 42.

Mais, si le tube est en carbone pur, s'il ne touche pas la chaux, et s'il a été préparé avec soin et sous une forte pression, le graphite forme un véritable feutrage et le diamètre du tube ne change pas sensiblement.

C'est au moyen de ce four que l'on peut étudier les actions des gaz ou vapeurs sur certains corps à haute température.

Four électrique continu.

L'appareil que nous venons de décrire possède un tube de charbon horizontal ; si l'on incline ce tube de 30°, le four se transforme en un appareil de production des métaux réfractaires, appareil continu, au milieu duquel on peut amener par glissement, le mélange d'oxyde à réduire, tandis que le métal liquide s'écoule avec facilité sur ce plan incliné. Dans ce four électrique continu, comme, d'ailleurs, dans le four électrique à tube, M. Moissan sépare complètement les phénomènes électrolytiques des phénomènes calorifiques.

Four à plusieurs arcs.

Le four à plusieurs arcs n'est utile que dans le cas où l'on veut obtenir de grandes quantités de matières.

Tels sont les appareils qui doivent servir de guides lorsque l'on veut obtenir les hautes températures au moyen de l'arc électrique.

On a construit de nombreux modèles de fours électriques, s'appuyant plus ou moins sur ces principes, pour la fabrication du carbure de calcium industriel.

Les seuls qui aient jusqu'à présent donné un très bon résultat, parce qu'ils ont été ou modifiés ou construits suivant ces principes, sont ceux de Froges, et de M. Bullier.

Il existe bien aussi des fours construits par M. Borchers, pour la préparation des carbures alcalinoterreux, mais ils n'ont rien d'intéressant ; ce sont, paraît-il, les fours avec lesquels M. Borchers a pu donner son importante formule :

Tous les oxydes sont réductibles par la chaleur obtenue au moyen de l'électricité.

Malheureusement ils n'ont rien de commun avec
des fours électro-thermiques. On en trouvera la
description dans son *Traité électro-métallurgique*,
M. Borchers ayant fait plutôt de l'électrolyse que
de l'électro-thermie.

FOUR VINCENT

Nous mentionnerons le fourneau pour la fusion
électrique continue de M. J. A. Vincent de Phila-

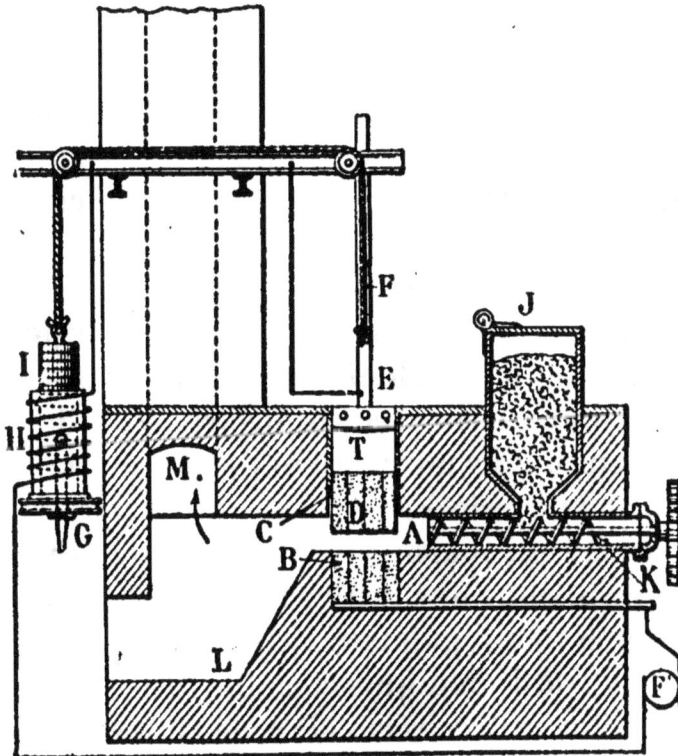

Fig. 43.

delphie dont nous trouvons la description dans
l'*Electrical Engineer* de New-York, parce qu'il pré-

sente un dispositif ingénieux ; mais nous ne saurions dire comment il a fonctionné pratiquement et les résultats qu'il a donnés.

Ce four (fig. 43) comprend un canal horizontal A, dans lequel est disposé un lit de charbon B, constituant l'une des électrodes. C'est une ouverture verticale débouchant dans le canal et dans laquelle glisse l'autre électrode D, formée de blocs de charbon rectangulaires, encastrés dans une boîte métallique T, qui peut se relever et s'abaisser au moyen d'une tige E, d'une corde F et d'un treuil G. Quand une certaine quantité du charbon D est consumée, l'électrode doit être abaissée, afin qu'il y ait toujours entre les deux électrodes, une distance uniforme et que l'arc fonctionne avec une intensité et un voltage constants.

Comme il était désirable de rendre automatique l'alimentation de l'électrode mobile ou positive T, ce résultat a été obtenu au moyen d'un solénoïde H, placé en série avec les électrodes et dans lequel se meut un noyau magnétique. Ce noyau est rattaché à la corde F, par l'intermédiaire de laquelle il soulève et abaisse l'électrode D. Le treuil G n'est employé que pour mettre l'électrode D en position ; le solénoïde régulateur l'y maintient.

Il est désirable que la boîte T ferme complètement l'ouverture verticale c, de manière que l'air ne puisse pénétrer jusqu'aux électrodes, ce qui occasionnerait une usure anormale des charbons.

La matière à traiter, préalablement pulvérisée, est placée dans une trémie J, d'où elle tombe sur une vis d'alimentation K, qui la pousse dans le ca-

nal entre les électrodes. Quand le produit résultant
de la fusion est formé, la   matière non fondue
qui arrive entre les électrodes, le chasse dans la
fosse L, où il s'accumule et se conserve dans une
atmosphère chaude jusqu'à ce qu'on l'enlève.

Une cheminée M est ménagée pour l'échappement
des gaz engendrés par la fusion et s'ouvre latérale-
ment à l'extrémité du canal A qui doit être continu
et dont la section doit être uniforme dans toute sa
largeur, particulièrement dans la partie où sont si-
tuées les électrodes.

Les autres systèmes de fours seront décrits au
chapitre spécial de la fabrication du carbure de
calcium.

CHAPITRE V

LE CARBURE DE CALCIUM. — GÉNÉRALITÉS SUR LES CARBURES MÉTALLIQUES.

Le carbure de calcium et les carbures métalliques.

Nous avons vu, à propos de l'historique général de la question, qu'Edmond Davy avait entrevu une sorte de carbure métallique en essayant de produire le potassium chimiquement pur.

Winkler, de son côté, a montré que les oxydes et les carbonates alcalino-terreux sont réduits à l'état métallique par le magnésium, à la température rouge.

Travers a préparé des acétylures de mercure. L. Maquenne, reprenant l'idée générale de Winkler, est arrivé à produire un carbure de baryum impur, en effectuant la réduction en présence de carbone.

« Les premières expériences ont été faites, dit-il (1), dans une nacelle de fer à l'intérieur d'un tube de porcelaine rempli d'hydrogène pur et sec ; plus tard on s'est servi d'un simple creuset en fonte, à couvercle tourné de 250 cm³ de volume intérieur (volume commercial) que l'on chauffait directement dans

(1) *Ann. de Physique et de Chimie.*

un four Perrot. L'oxydation par les gaz du foyer n'est pas à craindre quand l'opération est conduite rapidement, et l'on peut ainsi traiter une plus grande masse de matière en moins de temps ».

Ce sont les résultats obtenus par cette dernière méthode dont il va être question ici :

« 1° Action du magnésium sur l'oxyde de baryum, en présence du charbon.

« On a fait constamment usage, dans ces recherches, de la baryte caustique ordinaire du commerce et du charbon de cornue, préalablement calciné au rouge sombre dans un creuset de platine.

« La température nécessaire à la réduction n'a pas besoin d'être très élevée, et il est même prudent de ne jamais dépasser le rouge sombre. La réaction est d'ailleurs très calme et pourrait être effectuée sans inconvénient sur de grandes quantités de matières à la fois.

Expérience.

Baryte. . . . . . .   10 gr.
Magnésium en poudre.   2
Charbon pulvérisé . .   5

On chauffe pendant dix minutes ; la masse refroidie et traitée par l'eau donne les gaz suivants :

1° Gaz mélangé d'air, non analysé. .   189 cm³
2° Gaz à 57 o/o d'acétylène (dosé par Ca²Cl²)   247
3° Gaz à 52 o/o   468

Environ 490 cm³ d'acétylène, de l'hydrogène et un peu de gaz ammoniac.

Cet essai, dit M. Maquenne, et d'autres dont il est inutile de multiplier davantage les exemples, suffisent à établir l'exactitude des prévisions sur lesquelles on les avait fondées; mais ils nous montrent aussi qu'il est impossible, en partant de la baryte commerciale, d'obtenir de l'acétylène pur.

L'ammoniaque qui se dégage avec lui provient de l'action de l'eau sur l'azoture de baryum qui se forme en même temps que le carbure, avec d'autant plus de facilité que la baryte ordinaire renferme toujours des combinaisons oxygénées de l'azote.

Quant à l'hydrogène, il semble résulter de la décomposition de quelque hydrure indéterminé, car si l'on opère en vase clos dans une atmosphère d'hydrogène, on constate une absorption notable de ce gaz qui ne peut s'expliquer que par sa combinaison avec le baryum métallique.

Si l'on ajoute à cela que les produits précédents répandent, au contact des acides, une forte odeur cyanhydrique, nous pouvons dire que l'action du magnésium sur la baryte ordinaire, en présence du charbon, donne lieu à un mélange de carbure, d'azoture, d'hydrure et de cyanure de baryum, dont les trois derniers composants proviennent, sans aucun doute, des impuretés (azotite et hydrate de baryum) contenues dans la matière première.

On le voit donc bien nettement, M. Maquenne n'a pas obtenu le carbure de baryum pur et, par suite, n'a obtenu que de l'acétylène très chargé d'impuretés.

Cependant, il a poursuivi ses recherches avec le

carbonate de baryum qui semble devoir donner moins d'impuretés.

« L'action du magnésium sur les carbonates alcalino-terreux a été étudiée récemment par M. Winkler; d'après cet auteur elle se déclare au rouge sombre avec une vive incandescence, quelquefois même avec explosion, et donne lieu, comme dans le cas des oxydes, à la mise en liberté du métal alcalino-terreux qui se trouve alors mélangé de magnésie et de charbon. M. Winkler représente la réaction par la formule :

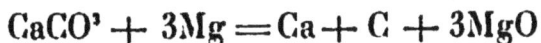

$$CaCO^3 + 3Mg = Ca + C + 3MgO$$

il ajoute pour justifier sa manière de voir que le produit se dégage avec l'eau froide de l'hydrogène auquel il reconnaît une odeur particulière et désagréable. Avec les carbonates de strontium et de baryum il dit avoir obtenu les mêmes résultats qu'avec le carbonate de calcium, et dans aucun cas, il ne signale la formation de carbure alcalino-terreux décomposables par l'eau, avec dégagement d'acétylène.

« Mes essais antérieurs rendant la production de ces carbures fort probable, au moins dans le cas du carbonate de baryum, il était nécessaire de reprendre le travail de Winkler.... »

C'est ce qu'a fait M. Maquenne, et il a bien constaté la formation d'acétylène avec l'eau.

La réaction semble s'accomplir comme il le dit, de la façon suivante:

$$2BaCO^3 + 6Mg = 6MgO + Ba + BaC^2.$$

Ses diverses expériences ont été faites avec des poids de carbonate de baryum, de magnésium et de charbon variables, et il a toujours constaté une forte production d'acétylène par le traitement avec l'eau.

Le mélange auquel il s'arrêta fut le suivant :

Carbonate de baryum.	100
Magnésium	40
Charbon.	15

La réaction théorique donnant :

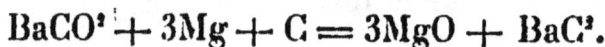

$$BaCO^2 + 3Mg + C = 3MgO + BaC^2.$$

Procédés de Maquenne pour la préparation du carbure de baryum et l'acétylène.

« 1° *Préparation du carbure de baryum.* — On charge une bouteille en fer de 700 cm³ de capacité intérieure, avec 40 gr. du mélange intime dont la composition est donnée plus haut, puis on l'introduit dans un four Perrot, déjà rouge, en ayant soin de laisser le tube ouvert à son extrémité supérieure. Après quatre minutes en moyenne, la réaction se produit brusquement avec un bruit sourd, et l'on voit sortir de l'appareil une flamme jaune intense, qui est quelquefois accompagnée d'une gerbe d'étincelles. On ferme immédiatement le tube avec un bon bouchon de liège, on retire la bouteille du four, et on la plonge dans un bain d'eau, de manière à la refroidir aussi vite que possible. Il ne reste plus alors qu'à en sortir le contenu, ce qui n'offre aucune difficulté, et à enfermer le carbure de baryum brut dans un flacon bien sec, que l'on bouche hermétiquement.

« L'opération dure en tout 20 minutes et donne de 36 gr. à 38 gr. de produit.

« La matière ainsi obtenue est amorphe, de couleur gris foncé, légère, poreuse, et extrêmement friable : c'est un mélange de carbure de baryum (38 p. o/o environ), avec de la magnésie, un peu de charbon en excès, et une trace de carbonate de baryum non décomposé.

« Inaltérable dans l'oxygène sec, à froid, elle s'échauffe à l'air humide, et répand alors une forte odeur d'acétylène ; au rouge elle brûle avec incandescence, en donnant un mélange de magnésie et de carbonate de baryum.

« Le carbure de baryum est décomposé par l'alcool absolu, un peu moins vivement que par l'eau, avec production d'acétylène et d'éthylate de baryum.

« 2° *Préparation de l'acétylène.* — On décompose le carbure de baryum dans un très petit flacon à deux tubulures ou simplement dans un col droit, par l'eau froide qu'on y laisse couler très lentement à l'aide d'une burette à robinets.

« On obtient ainsi par gramme de carbure, 52 à 54 cm³ d'un gaz qui contient de 97 à 98 o/o d'acétylène pur. »

C'est là la première étude sérieuse sur la fabrication des carbures métalliques.

M. Moissan nous donne ensuite la préparation du carbure de calcium pur et cristallisé.

Nous savons déjà qu'après avoir entrevu la for-

mation d'un carbure de calcium non défini dans son
four électrique, en s'occupant de la réaction des
oxydes, il nous donne quelques temps après une
préparation complète de ce composé. M. Bullier, qui
l'aida dans ces recherches, a donné la préparation
industrielle du carbure de calcium dans son four
électrique industriel. L'industrie nouvelle était
créée.

Comme je l'ai indiqué dans l'historique, M. Willson en Amérique a lancé l'industrie du carbure de
calcium à Spray, dans la Caroline du Nord. Nous
trouverons plus loin quelques chiffres, quelques
indications intéressantes au sujet de cette fabrication.

Il est inutile de revenir sur la production du carbure de calcium pur et cristallisé préparé par
M. Henri Moissan, je prie le lecteur de se reporter
à l'historique pour cela.

J'ai réservé pour ce chapitre la fabrication industrielle des carbures métalliques alcalino-terreux,
telle qu'elle a été conçue par M. Bullier, collaborateur de M. Moissan.

Fours électriques de M. Bullier en vue de la préparation des carbures métalliques.

Les fours du chimiste français sont particulièrement destinés à obtenir la fusion des matières
à des températures élevées, en plaçant l'arc au sein
même d'un mélange de charbon et de l'oxyde ou
d'un sel du métal dont on veut obtenir le carbure.

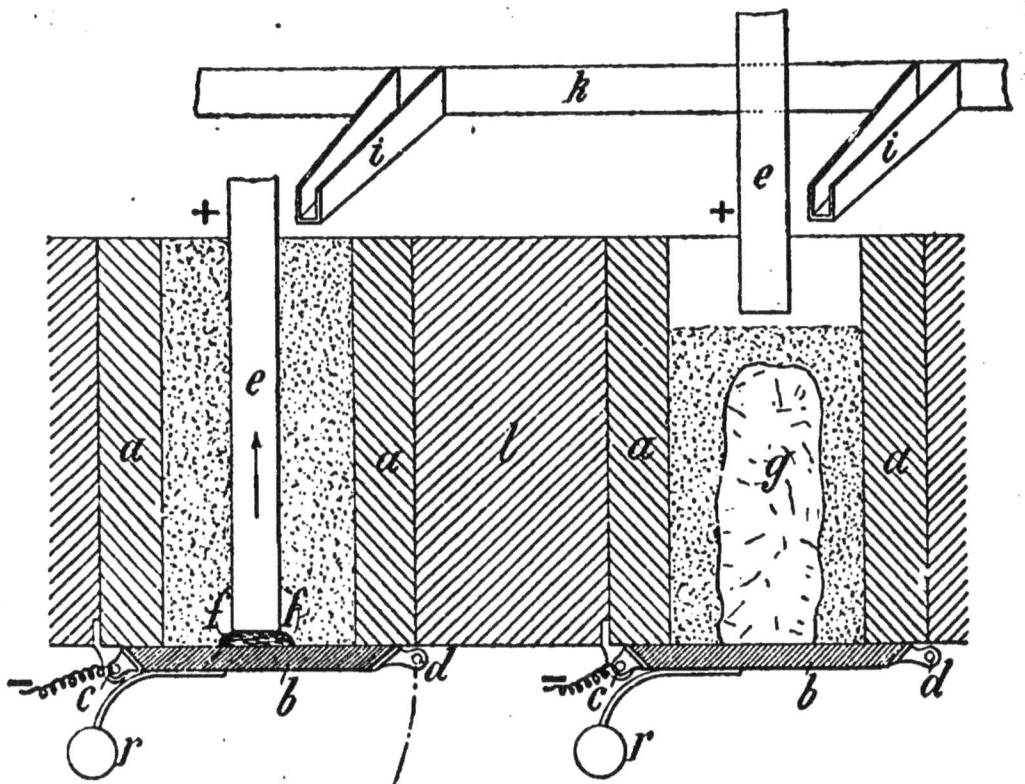

Fig. 44.

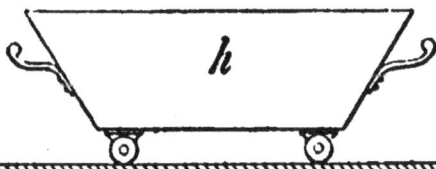

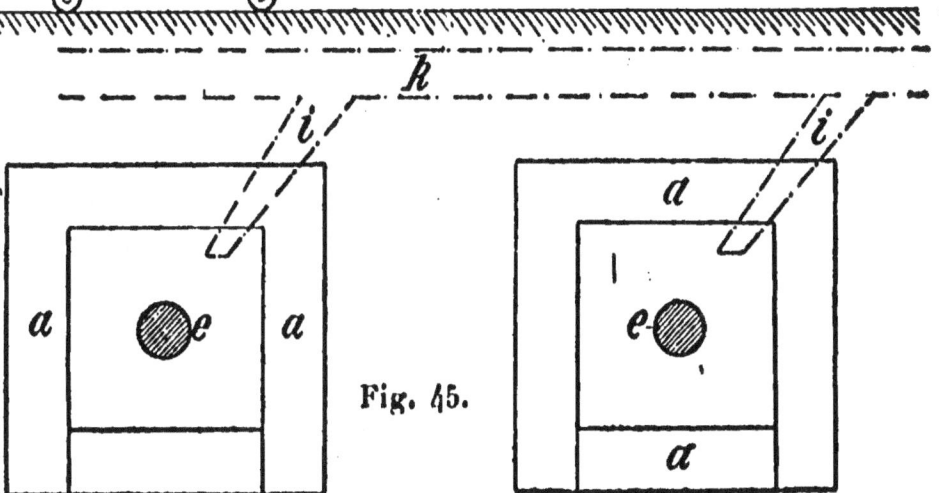

Fig. 45.

Voici la description de deux types de fours disposés en vue de leur application pour la production du carbure de calcium et de tous les autres carbures que l'on peut obtenir par fusion.

La fig. 44 montre en coupe verticale un four dont le fond ou sole est horizontal et mobile.

La fig. 45 est la vue en plan.

La fig. 46 montre en coupe verticale un type de four dont la sole est inclinée.

Ce système de four, dont la section est carrée de préférence, est constitué par des murs *a* formés de briques en magnésie, en chaux, en carbonate de chaux ou tout autre matière réfractaire convenable.

Le fond ou sole en métal, en charbon, ou en toute autre matière conductrice est articulé autour du point *c* et maintenu en place pendant la réaction par un contrepoids *r* et par une fermeture quelconque *d*.

Ce fond est relié avec le pôle négatif d'une source d'électricité ; il constitue donc un des pôles de l'appareil.

Un charbon *e* en communication avec le pôle positif de la source d'électricité forme le second pôle de l'appareil et plonge dans le mélange de chaux et de charbon.

Au début de l'opération on rapproche le charbon *e* du fond *b* pour faire jaillir l'arc, dont la chaleur produit la fusion du mélange qui l'entoure. Dans ce système de four le travail ne se produit jamais en court-circuit, l'arc jaillissant entre l'électrode mobile et le bain fondu.

Au fur et à mesure que la réaction s'opère, il se

produit autour du charbon une cavité *f*, au fond de laquelle se dépose le carbure fondu, et au fur et à mesure que le mélange formant les parois de cette cavité entre en réaction, on relève le charbon *e* et la masse de carbure augmente progressivement de volume.

L'alimentation de cette chambre de réaction a lieu d'une façon continue, au moyen de ses parois qui sont généralement constituées par des produits pulvérulents.

Cette façon d'opérer permet donc de concentrer l'action calorifique de l'arc et d'effectuer les réactions dans un espace très restreint, en évitant ainsi toute déperdition de chaleur, et utilisant la totalité de la chaleur produite.

La matière non entrée en réaction, forme donc par elle-même, comme on le voit, les parois intérieures du four qui se trouvent ainsi constituées par des oxydes mélangés au charbon et qui sont mauvais conducteurs de la chaleur.

En augmentant la section transversale du four, on peut donc y produire un garnissage intérieur très épais, de matière non entrée en réaction, qui permet d'opérer dans un four dont les parois extérieures ne sont plus nécessairement construites en matériaux réfractaires mais peuvent être constituées par une matière quelconque, puisqu'elles n'ont plus pour but que de maintenir les produits servant à l'obtention du corps cherché.

On se trouve ainsi ramené aux conditions réalisées dans le four imaginé par M. Moissan et qui lui ont permis d'obtenir la réduction des oxydes métalliques considérés jusqu'à ce jour comme non réductibles.

A la fin de l'opération, on rompt le circuit électrique et le four contient un bloc g de carbure. En faisant alors basculer le fond b, le bloc g, ainsi que

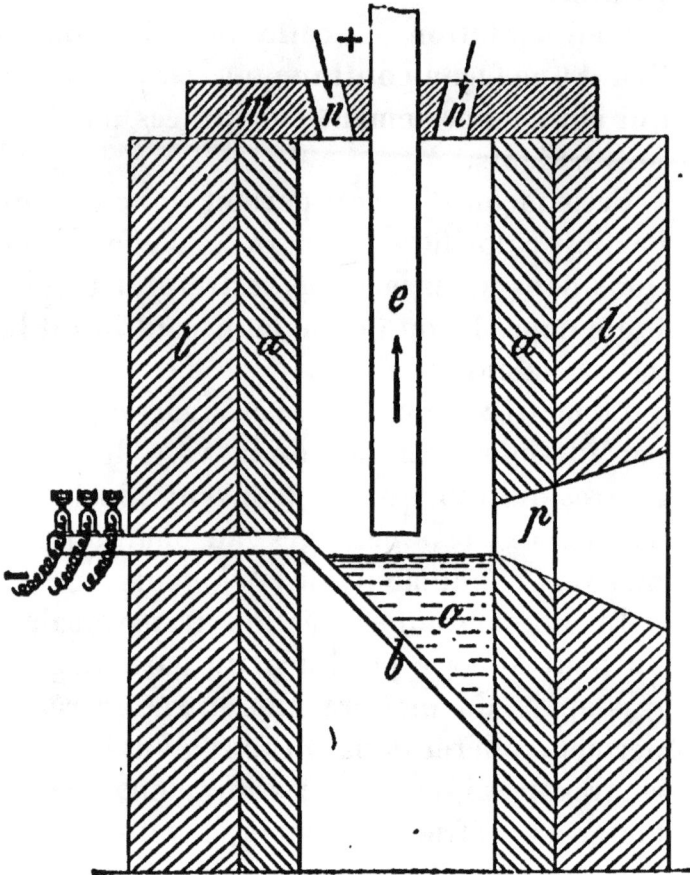

Fig. 46.

la matière qui n'est pas entrée en réaction, tombent dans un wagonnet h, pour être transportés dans un tamis où la séparation du carbure de calcium et de la matière non traitée a lieu.

14

Chaque four ainsi constitué, peut être alimenté de matière à traiter, par un conduit mobile *i* branché sur un collecteur *k*.

De cette façon, dès qu'on a vidé le four, il suffit de refermer le fond, de descendre le charbon, de charger à nouveau et de commencer une nouvelle opération.

L'espace entre chaque four peut être rempli par de la magnésie pulvérisée ou de la chaux ou même du carbonate de chaux convenablement disposé autour des murs et former une sorte de revêtement *l*.

Dans le cas où le fond du four est fixe, la matière traitée qu'il contient peut, après l'opération, être retirée en enlevant une des parois du four.

Dans le type de four représenté fig. 43, le fond *b* relié à l'un des pôles de la source électrique (le pôle négatif par exemple) est incliné ; il est constitué comme précédemment par une plaque en matière conductrice, telle que métal ou charbon. Les murs sont également constitués par des briques en magnésie, chaux ou carbonate de chaux et munis d'un revêtement de même matière.

Le revêtement peut être maintenu, soit par des briques, soit par une garniture métallique ou toute autre matière convenable.

Le couvercle *m*, également en magnésie, en chaux ou carbonate de chaux, est muni d'orifices *n* pour l'introduction de la matière à traiter et livre passage au charbon *e* relié à l'autre pôle de la source d'électricité.

Dans ce dispositif, la partie inférieure du four

forme une chambre o dans laquelle on place au préalable du carbure de calcium, sur lequel on amène le charbon e au contact lors de la mise en marche.

L'appareil est muni d'un trou de coulée p qui permet d'évacuer le carbure fondu.

Les fours de l'usine de Bellegarde dérivaient tous de ces types principaux.

On introduit dans ces fours un mélange de 56 parties de chaux, contre 36 de charbon, plus généralement de coke.

Le mélange intimement broyé et préparé d'avance, porté à la très haute température de l'arc, se transforme en carbure de calcium, bien défini d'après la formule :

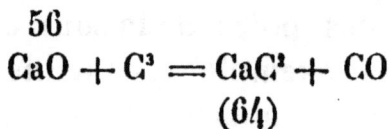

$$56$$
$$CaO + C^3 = CaC^2 + CO$$
$$(64)$$

Le carbure ainsi obtenu est une masse noirâtre cristalline, dont la cassure a des aspects mordorés.

La quantité d'énergie nécessaire pour produire la molécule de carbure peut se déterminer de la façon suivante :

1° La chaleur nécessaire pour élever à 3000°, température du four, 36 gr. de charbon

$$36 \times 3000 \times 0,36 = 48,18 \text{ c.}$$

2° La réduction de la chaux en 40 de calcium, et 16 d'oxygène, ce qui donne 132 c. ;

3º La chaleur nécessaire pour élever 56 gr. de chaux à la température du four, soit 33 c. 6.

Il faut en déduire la chaleur produite par 12 gr. de carbure, transformé en oxyde de carbone 28 c. 59 et la chaleur de formation du carbure de calcium, soit 0 c. 65.

Il faut pour préparer une molécule de carbure de calcium dépenser 184 c. 5.

Soit pour 1 kilog. une quantité de chaleur égale à 2882 c. 8.

Quoique les pertes par rayonnement doivent être considérées comme négligeables, il est bon de majorer ce chiffre de 15 o/o environ, afin de compenser les pertes de toutes natures, ce qui fait comme chiffre pratique 3314 c.

Le cheval-heure, représentant 270.000 kilogrammètres peut produire 635 calories; on peut admettre que pratiquement un cheval-heure, produira par l'intermédiaire d'une dynamo, une énergie calorifique équivalent au moins à 500 calories.

Il faudra donc 6 chev. 6, pour produire le kilogramme de carbure de calcium.

On a de cette façon le moyen simple de se rendre compte des forces dont il faut disposer pour fabriquer des quantités un peu importantes de carbure de calcium.

Disons de suite que l'expérience a montré que l'on pourrait descendre au chiffre de 3 k. 75 par cheval heure en 24 heures.

Enfin, pour établir le prix de revient de cette fabrication, prix qui peut varier dans de très grandes proportions, suivant les endroits où l'on veut l'exploiter, il est utile de connaître les termes qui interviennent ; pour établir le prix de la tonne nous avons à considérer :

1° 7.100 chevaux pour la transformation chimique électrique ;

2° Le prix du coke pulvérisé, 600 kg. ;

3° La chaux réduite en poudre, 950 kilog. ;

4° Frais de transformation du courant ;

5° Prix des électrodes ;

6° Réparations du four ;

7° Main-d'œuvre ;

8° Emballage dans les barils et prix que l'on défalque ensuite sur la vente ;

9° Prix du transport ;

10° Frais généraux. Amortissement, redevances, taxes, etc.

M. Dommer, dans son ouvrage sur l'acétylène, donne le prix de 204 fr. 47 pour la tonne ; tout dépend du prix que l'on peut obtenir pour la force électrique ; il n'a pas été tenu compte dans ce prix de revient, de la main d'œuvre qui a une certaine importance. Il est nécessaire d'avoir au moins un homme pour la conduite d'un four.

Je donne à présent, à titre documentaire et instructif, la description de l'Usine de Spray (1), me réservant de donner plus tard, la description de l'usine de la société des carbures lorsqu'elle sera complètement terminée, et où l'on fabriquera des quantités assez importantes de carbure de calcium.

(1) Spray, Caroline du Nord, Amérique.

Description de l'Usine de Spray

Cette usine, formée de trois corps de bâtiments réunis sur une même ligne, comprend : une turbine actionnant les génératrices de courant, deux fours électriques pour la production du carbure de calcium et deux autres appareils mécaniques, dont un sert pour pulvériser le coke et la chaux, l'autre pour mélanger ces deux substances qui servent à l'alimentation des fours.

Turbine. — Le moteur hydraulique consiste en une turbine Leffel, de 0,65 de diamètre de roues d'aubes, pouvant donner 300 chevaux, sous une chute de 8 m. 53. Le nombre des révolutions est de 206 par minute. La manœuvre des vannes s'opère, à la main, et les dimensions de celles-ci sont telles qu'il suffit de les ouvrir aux trois-quarts, pour actionner la turbine avec la puissance ci-dessus mentionnée.

Dynamos génératrices. — La turbine est couplée par courroies à deux alternateurs Thomson-Houston, du type à 14 pôles, produisant 130 kilowatts, avec une vitesse angulaire de 1070 tours par minute et donnant un maximum de tension effective de 455 volts en pleine charge.

Chaque alternateur est excité par une dynamo Thomson-Houston du type de 110 volts, 18 ampères et 2.500 tours par minute.

Les deux excitatrices sont entraînées par des courroies disposées en tendeurs sur deux poulies montées sur les parties extérieures des arcs des alternateurs.

Fours électriques (fig. 47 et 48). — Les deux fours
électriques ont leurs façades ouvertes et sont situés
à côté l'un de l'autre ; ils sont construits en briques,
et la façade est en partie fermée par des portes en
fonte P. Le fond ou base intérieure de chaque four a
une superficie de 91 cm. × 75 cm. ; la partie supé-

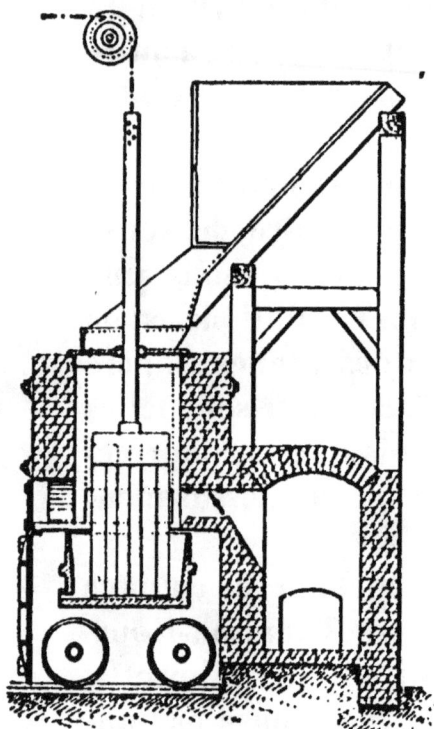

Fig. 47.

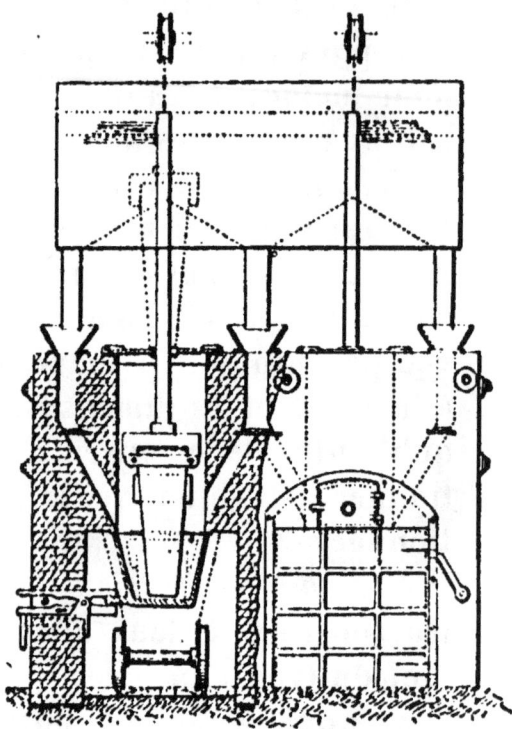

Fig. 48.

rieure élevée d'environ 2 m. 50 se termine en forme
de cheminée servant à l'évacuation des gaz dégagés
pendant l'opération.

Une plaque de fer de 182 cm. de long, 75 cm.
de large et 4 à 5 cm. d'épaisseur occupe le fond des
deux fours. Elle porte deux plaques de charbon de

91 cm. de long, 75 cm. de large, et de 15 cm. à 20 cm. d'épaisseur. Ces charbons constituent les électrodes inférieures ; leur entretien et renouvellement n'exige que peu de dépenses, car ils peuvent facilement être réparés avec les charbons qui restent de l'électrode supérieure. Cette façon d'opérer permet d'utiliser les charbons *in extremis* et de réaliser une notable économie sur la consommation.

L'électrode supérieure de chaque four est constituée par un faisceau formé de 6 charbons de 30 cm. sur 20 cm. de côté et 90 cm. de long, et d'un poids environ de 14 kg. Ces charbons sont réunis côte à côte et placés dans une enveloppe protectrice en fer. Les interstices sont remplis avec un mélange de coke pulvérisé et de goudron versé à chaud, de sorte que les charbons et l'enveloppe deviennent solidaires et ne forment plus qu'un bloc compact. Cette électrode est suspendue verticalement et maintenue par une mâchoire métallique fixée à l'extrémité d'une tige en cuivre de 8 cm. $\times$ 8, qui est elle-même reliée à une chaîne passant sur une poulie fixée à la partie supérieure du four et qui va s'enrouler sur un volant placé sur le côté du tableau de distribution. Ce volant est manœuvré à la main par l'ouvrier chargé de la surveillance du four, et sert à élever ou à abaisser l'électrode, selon les besoins. La consommation de l'électrode par heure de travail est d'environ 0,5 m.

Matériaux. — Les matériaux employés pour la fabrication du carbure de calcium sont la chaux, le coke et, incidemment, le charbon pour les électrodes.

Pulvérisateur et malaxeur. — Le coke et la chaux sont d'abord réduits en poudre fine par leur passage entre les cylindres du pulvérisateur avant d'être jetés, en proportions convenables, dans un appareil dont l'axe mobile est muni de palettes qui mélangent les deux substances.

Mode opératoire. — Le coke pulvérisé est passé dans un tamis d'environ 5o mailles par cm² et la chaux en poudre dans un de 3o mailles par cm². Leur mélange est fait suivant les proportions exprimées par la réaction :

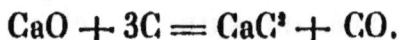

$$CaO + 3C = CaC^2 + CO.$$

Dans cette équation, 56 parties (en poids) de chaux, devraient être mélangées à 36 parties de charbon pour donner, par la combinaison, 64 parties de carbure de calcium. En d'autres termes, le mélange devrait contenir théoriquement 6o,87 pour 100 de chaux et 39,13 pour 100 de carbone.

Les deux substances convenablement mélangées forment une poudre homogène, qui est transportée près des fours électriques. La charge de ceux-ci s'effectue en jetant quelques pelletées du mélange sur la plaque qui porte l'électrode inférieure; la réaction s'opère en établissant l'arc entre les deux électrodes. La tension et l'intensité du courant, qui au début de l'établissement de l'arc sont sujets à de fréquentes variations, deviennent à peu près fixes au bout d'un quart d'heure, leurs valeurs sont alors 100 volts et 16oo ampères. Sous l'action de l'arc, dont la longueur est d'environ 7,8 cm., le mélange qui se trouve immédiatement sous l'électrode supérieure, est converti en carbure de calcium fondu. Au fur et à mesure que l'on ajoute de nouvelles charges, la masse de carbure de calcium s'élève graduellement et tend à réunir les deux électrodes ; on rétablit alors l'arc en remontant l'électrode supérieure au moyen du volant de manœuvre. De temps en temps, on ajoute un peu de mélange de coke et de chaux, pour entretenir la transformation. L'oxyde de carbone en ignition forme des flammes qui colorent les vapeurs du calcium, et qui enveloppent parfois l'électrode supérieure. On évite autant que possible cet inconvénient par une ventilation énergique, qui entraîne les vapeurs et les gaz dégagés pendant l'opération.

L'ouvrier chargé de la surveillance du four en activité est placé près du tableau de distribution, à portée du volant servant à élever ou abaisser l'électrode supérieure. Son travail consiste à maintenir l'arc en observant les indications du voltmètre et de l'ampèremètre, et à élever l'électrode supérieure jusqu'à bout de course de la tige de suspension. Quant cette tige est arrivée à ce point de la course, l'opération est presque terminée, on cesse d'ajouter de nouvelles charges, mais on maintient l'arc jusqu'à ce que les portions du mélange ajouté en dernier lieu soient converties en carbure. Le courant est alors supprimé et est envoyé à l'autre four, dont l'opération commence pendant que le premier se refroidit et que le carbure de calcium produit se solidifie. Après solidification, ce carbure est enlevé du four ; le bloc de carbure obtenu possède assez grossièrement la forme d'un prisme vertical de section rectangulaire, dont la partie supérieure se termine un peu en pointe.

Une couche de scories recouvre sa surface extérieure ; ces scories contiennent du carbone, de l'oxyde, du carbonate et du carbure de calcium. Le carbure de calcium, renfermé dans ce revêtement, demeure en fusion pendant plusieurs heures après la cessation de l'opération.

La portion du mélange qui n'a pas été convertie en carbure varie de 50 à 75 pour 100 de la charge totale. On la retire du four éteint pour être employée dans une opération suivante, mais comme une partie du carbone de ce mélange s'est oxygéné en donnant du gaz carbonique, on y ajoute un peu de charbon de bois pulvérisé pour rétablir les proportions originales.

Expériences et résultats

Deux expériences complètes furent faites dans un même four.

Voici le détail de la première :

On pesa 544 kg. de chaux et 362 kg. de coke, on les mit ensuite dans l'appareil malaxeur.

Les analyses ont donné :

Pour la chaux :

Eau et acide carbonique.	4,55
Silice	0,28
Acide phosphorique	0,014
Oxyde de fer et d'aluminium. . . .	1,58
» de calcium	88,86
» de magnésium	4,27
Alcalis, acide sulfurique et pertes.	0,446
	100.000

Pour le coke :

Humidité.	0,40
Cendres.	8.60
Soufre	0,48
Phosphore	0,0055
	9,4855

Les deux matières premières dont le poids total était de 906 kg. avant leur mise dans le malaxeur furent de nouveau pesées avant d'être employées ; le poids total n'était plus que 863 kg., la perte dans le malaxeur et dans le transport était donc de 44 kg.

L'analyse du mélange montra qu'il contenait :

	kg.	
Chaux.	451,9	ou 52,32 o/o
Charbon	321,1	ou 37,3 o/o
Résidus, oxydes de magné- sium, de fer, d'alumine, acide carbonique, humi- dité, etc.	90	ou 10,38 o/o

L'opération au four dura 3 heures. L'intensité moyenne du courant primaire fut de 156 ampères et la tension moyenne de 1000 volts, ce qui correspondait à une intensité moyenne totale de 1.560 ampères et une tension de 100 volts dans le circuit secondaire alimentant les fours. L'énergie électrique fournie aux circuits primaires des transformateurs fut de 454,8 kilowatts-heures ou 609,7 chevaux-heures, chiffres représentant une puissance moyenne de 151,6 kilowatts ou 203,2 chevaux. En admettant une perte de 5 o/o dans les transformateurs, l'énergie correspondante au four était de 432,1 kilowatts-heures ou 579,2 chevaux-heures, ce qui représentait une puissance moyenne de 144 kilowatts, ou 193.1 chevaux.

Le four vidé, le carbure recueilli pesait 102,71 kg. et le poids du mélange non converti était de 603,46.

Le bloc de carbure était recouvert d'une couche de scories contenant elles-mêmes du carbure de calcium, car en traitant ces scories par l'eau, il s'en dégageait un peu d'acétylène ; les autres matières étrangères contenues dans ces scories représentent un poids de 4 kg. 53, laissant ainsi un bloc de carbure de calcium net de 98 kg. 18.

Le nombre de centimètres cubes de gaz humide dégagés par 0,4535 kilogrammes de carbure sous la pression d'une colonne de mercure de 75,90 cm. à la température de 15° cent. fut :

		litres
Fond de la masse (moy. de 3 déterminat.)	—	131,40
Centre de la masse	—	134,40
Partie sup. du bloc	—	129,16

La deuxième expérience faite à l'usine de Spray, a été faite avec 562 kg. 34 de chaux pulvérisée avec 362 kg. 80 de coke également pulvérisé dans le malaxeur ; ces quantités représentaient un poids total de matière de 925 kg. 14.

L'analyse de la chaux donna :

Eau et acide carbonique	4,02 o/o
Silice	0,34
Acide phosphorique	0,015
Chaux	89,00
Ammoniaque, acide sulfurique et pertes	0,605
Magnésie	4,38
Oxydes de fer et alumine	1,64
	100,00

L'analyse du coke donna :

Humidité. .   .   0,50 o/o
Cendres .   .   .   8,50

Les deux substances convenablement mélangées furent enlevées du malaxeur et portées à proximité du four pour en opérer la charge ; là le mélange accusait dans une nouvelle pesée un poids de 898 k. 68 ; d'où une perte de 26 kg. 46 due au transport et à l'opération du mélange.

L'analyse de ce mélange donna :

Chaux.   .   .   .   .   466,09 ou 54,50 o/o
Charbon .   .   .   .   307,21 ou 35,97   »
Résidus, magnésie, alumine, acide carbonique, eau, etc. .   .   .   .   .   119,00 ou   9,53   »
                                                          _____
                                                             892

Opération : 2 h. 40'.

La quantité totale d'énergie électrique fournie au circuit primaire des transformateurs fut de 408,9 kilowatts-heures, ou 548,1 chevaux-heures, ce qui représente une puissance moyenne de 153,4 kil. ou 205,6 chevaux.

En admettant 5 o/o de perte dans les transformateurs, celle fournie au four était de 388,5 kilowatts-heures ou 520,7 chevaux-heures représentant une puissance moyenne de 145,7 kw. ou 195 ch.

Le mélange non converti, retiré du four environ 2 h. 1/2 après la cessation de l'opération, pesait 685 kg.,13 et contenait :

Chaux. . . . . . $357^k 76$ ou $54,80$ o/o
Charbon . . . . .   222 57 ou 34,13 »
Résidus,   magnésie,
  oxyde de fer, alumi-
  ne, acide carboni-
  que, eau . . . .   104 80 ou 11,01 »
                     —————————————————
                     $685^k 13$ ou 100,00 o/o

Le bloc de carbure de calcium produit avait un poids brut de 92 k. 06. L'enveloppe de scories, évalué à 4 k. 53, laissait un poids de carbure net de 87 kg. 53.

Un échantillon pris en diverses parties du bloc de carbure donna comme moyenne de quatre déterminations, 142 l. de gaz acétylène humide par livre anglaise de 453 gr. 5, sous la pression d'une colonne de mercure de 75 cm. 90 à la température de 15° centig.

Les résultats des deux expériences peuvent être résumés dans les tableaux suivants :

	1re épreuve	2e épr.	1re 2e et 3e épr. réun.
Coke du commerce, à 90,51 o/o de pureté	362^k»	303^k	
Chaux du commerce à 88,86 o/o ou 89 o/o	544 »	562 »	
Quantités de 2 matières mises dans le malaxeur	906 »	925 »	

Matières retirées du malaxeur :

Charbon	$321^k 1$	$307^k 2$	
Chaux.	451 9	466 1	
Résidus.	90 »	119 »	
Charge des fourneaux	863 »	892 3	$1755^k 3$

Composition du mélange non converti :

Charbon	208^{k}3	222^{k}5	430^{k}8
Chaux.	329 3	357 7	687 0
Résidus	65 8	104 8	160 6
Carbure de calcium.	87 5	87 6	175 1
Scories	4 5	4 5	0 »
	695^{k}4	777^{k}1	1472^{k}5
Charbon consommé pour le carbure de calcium	54^{k}7	49^{k}2	103^{k}9
Perdu dans le four.	58 1	36 5	94 6
	112^{k}8	85^{k}7	198^{k}5
Chaux pour la production du carbure.	85^{k}8	76^{k}4	168^{k}2
Chaux perdue dans le four. . . .	36 0	32 1	68 1
Quantité d'oxyde dépensée . . .	121^{k}8	108^{k}5	230^{k}3
Dépense de coke pour la perte de carbone	124 8	94 2	219 »
Dépense de chaux pour la perte d'oxyde	136 »	94 2	232 »
Quantité dépensée	260 8	188 4	449 2
Dépense de coke par kilog. de carbure net	1^{k}271	1^{k}077	1^{k}18
Dépense de chaux par kilog. de carbure net	1 397	1 403	1 40
Dépense de coke par kilog. de carbure brut.	1 215	1 024	1 125
Dépense de chaux par kilog. de carbure brut.	1 335	1 335	1 335

Quantité d'énergie fournie aux fours :

1re épreuve	2e épreuve	1re et 2e épreuve. réunies.
570,2 chev.-h.	520,7 chev.-h.	1090,9 chev.-h.
24,13 chev.-jours	21,7 chev.-jours	45,83 chev -j.
432,1 kw.-h.	388,5 kw.-h.	820,6 kw.-h.

	1ʳᵉ épreuve	2ᵉ épr.	1ʳᵉ et 2ᵉ épr. réun.
Carbure brut par cheval-heure. .	0ᵏ180	0ᵏ178	0ᵏ179
Carbure net par cheval-heure. .	0 172	0 170	0 171
Carbure brut par cheval-jour. .	4 320	4 270	4 295
Carbure net par cheval-jour. . .	4 124	4 081	4 102
Carbure brut par kilowatt-heure.	0 2378	0 237	0 2374
Carbure net par kilowatt-heure.	0 2273	0 2253	0 2263
Gaz humide dégagé par kilog. de carbure net à la pression d'une colonne de mercure de 75 cm.9 à 15ºc.	287 l.5	302 l.	294 l.5
Gaz humide dégagé (même pression) par kilogr. de carbure net.	298 »	318 l.	308 »
Gaz humide par cheval-jour. . .	2680 »	2828 l.	2704 »
Gaz sec par kg. de carbure pur (rendement théorique)		368 litres.	

On voit que la moyenne de fabrication de carbure est de 4 k. 50 par cheval en 24 heures. C'est la moyenne des chiffres que nous avons indiqué au début de ce chapitre.

Prix du carbure de calcium à Spray.

On a déterminé la valeur du carbure produit, en comprenant dans l'évaluation les taxes, impôts, licence, etc., payés par l'usine, l'amortissement du matériel et la main-d'œuvre. L'usine de Spray n'était pas exploitée dans les meilleures conditions de rendement au point de vue commercial, car n'ayant été construite que dans un but expérimental, on ne s'était pas attaché aux moyens de production les plus économiques du carbure. Néanmoins cette usine pouvait fournir 907 kg. de carbure brut par jour.

L'énergie hydraulique prise sur l'axe des turbines, coûte 25 fr. le cheval-an. Nous ferons remarquer que ce prix est *très rarement obtenu en France*. En admettant pour les alternateurs un rendement de 88 o/o et pour les transformateurs 95 o/o, le rendement net sera 83,6 p. 100, ce qui met le prix d'un cheval électrique à 29 fr. 90 pris au four. La France descend au prix de 75 à 80 fr. pour le cheval an. Il est difficile, je crois, de trouver des forces hydrauliques moins chères.

L'énergie électrique employée étant en moyenne 203,2 chev., celle qui est fournie par la turbine est de 230.9 chevaux.

En ajoutant 15 chevaux transmis aux appareils complémentaires, broyeurs, malaxeurs, l'énergie fournie par les turbines serait donc de 245,9 chevaux coûtant annuellement 6147,5 francs.

La dépense d'installation de l'usine ne peut être déterminée d'une façon exacte, car comme il a été dit plus haut, l'usine avait été créée dans un but d'expériences. Les estimations qui suivent sont basées d'après les valeurs actuelles.

Terrains	.50
Bâtiments	6.250
Turbine	14.460
Station électrique	30.000
Transmission	1.000
Broyeurs, malaxeurs	5.125
Cylindres	1.190
Fours	750
Matériel, divers outils	500
	58.775

Main-d'œuvre :

1 contremaître, 20 fr. par jour. .	20
3 équipes d'ouvriers. 8 h. chacun.	35
	55

Nous voyons ici qu'à Spray on comptait pour une tonne par jour, 35 francs de main d'œuvre, sans compter le personnel dirigeant.

Production de carbure brut, par jour de 24 heures	907 kg.
Prix des matériaux : charbon pour les électrodes à environ o fr. 65 le kil.; consommation par jour.	4^{fr}3o
Coke à 22 fr. 75 la tonne (907 kg.); consommation journalière, $907 \times 1,125$.	25 55
Chaux à 31 fr. 15 la tonne (907 kg.) livrée à l'usine ; consommation journalière, $907 \times 1,335$.	42 o5
Total	71 90

En récapitulant, on aura pour dépenses journalières les chiffres suivants :

Matériaux par tonne (907 kg.) de carbure brut.	69^{fr}25
Main-d'œuvre par tonne de carbure brut	55 oo
Energie hydraulique $\dfrac{6147,5}{365} = $ . .	16 85
Huile, chiffons, pâtes, etc., à 750 fr. par an.	2 o5
Impôts à 5oo fr. par an	1 15
Intérêt du capital à 5 o/o (38.775). .	8 15
Dépréciation et entretien des alternateurs et turbines, 5 o/o . . .	6 o5
Entretien des transmissions, bâtiments, cylindres	2 4o
Fours électriques, 20 o/o	0 10
Total	161 oo

L'estimation du prix de fabrication de carbure de calcium à Spray, s'élèverait donc à 161 fr. pour une production journalière de 24 h. de 907 kg. Les matières premières sont représentées pour 69 fr. 25 dans cette somme.

Ceci montre que la tonne de carbure reviendrait à 177 fr. Ce chiffre est relativement bas et s'explique étant donné le prix afférent à la force électrique. En revanche le prix du transport est élevé.

Tel était l'état de la fabrication du carbure de calcium à Spray, avant sa destruction par le feu.

FOUR DU NIAGARA

Au Niagara, des fours ont été installés par MM. Morohead et de Chalmot et King. Ces messieurs ont construit un four que nous allons décrire. Les figures 46, 47, représentent deux coupes différentes de ces fours.

Le fond du four est remplacé par un chariot en fer *a* qui roule sur des rails et dans lequel le carbure est formé.

Au fur et à mesure qu'on ajoute du mélange de chaux et de charbon et que le carbure se forme, on élève le charbon supérieur *b*.

Quand le chariot est rempli, les crayons *b* sont complètement soulevés au-dessus de ses bords. Le courant est alors interrompu, et la porte *c* est ouverte ; le chariot peut donc être retiré ; il est remplacé par un chariot vide.

Les crayons sont abaissés à nouveau sur le fond

du chariot qui reçoit des charges successives du mélange à transformer.

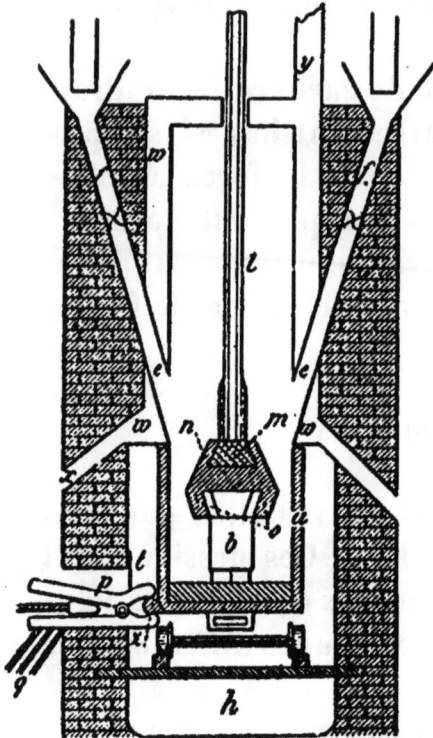

Fig. 49.

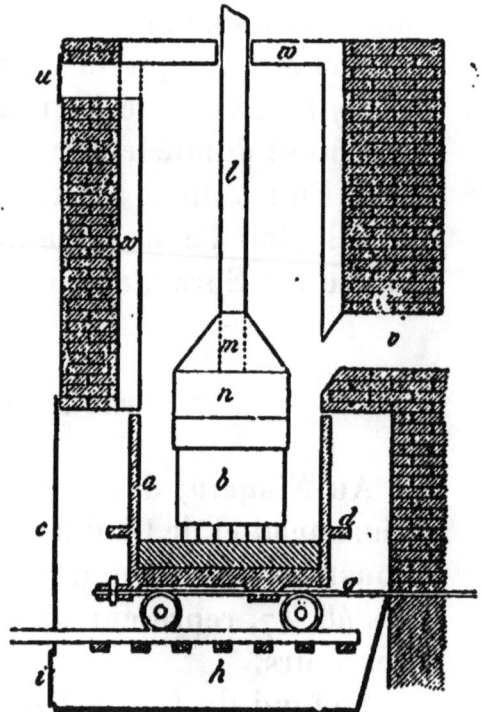

Fig. 50.

Le fond du chariot est recouvert de 10 à 20 centimètres de charbon. Quand le contenu de chaque chariot a suffisamment refroidi hors du four, ce qui exige de 6 à 12 heures, la caisse est enlevée de la voie par les tourillons *d*, et renversée. Son contenu est jeté sur une grille en fer, sur laquelle le carbure reste, tandis que tout le poussier non transformé tombe dans une pièce inférieure, où il est recueilli pour être traité ultérieurement.

Le mélange de chaux et de coke est introduit par

charges successives dans le chariot, par les canaux
e qui ont une largeur égale à celle du chariot. Les
tiges *f* qui portent quatre lames, s'étendent sur
toute la largeur des canaux *e* : elles font l'office de
distributeur ; elles tournent automatiquement, et
plus vite elles tournent, plus grande est la quantité
de matière fournie au chariot. Afin de pouvoir ti-
sonner le four automatiquement, le chariot est attaché à une barre de fer *g* par un couplage en tête
du chariot ; cette barre passe à travers le mur pos-
térieur du four, et reçoit un mouvement automatique de va-et-vient dont l'amplitude est d'environ
5 centimètres, et la fréquence 20 coups par minute.
Le chariot roule ainsi en avant, puis en arrière.
Chaque fois qu'il s'arrête ou qu'il repart, il reçoit
un léger choc, qui est suffisant pour éviter la formation de barres dont l'une est fixe et l'autre peut
être soulevée. La porte *t* sert à fermer l'ouverture
une fois tout mis en place.

Le four est entièrement fermé. Quand il est mis
en marche, la porte *c* est close, mais la porte *u* est
maintenue ouverte jusqu'à ce que l'oxyde de carbone qui est formé dans la réaction ait remplacé
l'air dans le four. Ce point est obtenu lorsque la
flamme sort par cette porte ; on la ferme à ce moment ; les gaz s'échappent dès lors par la cheminée
v. L'emploi de la porte *u* empêche les explosions
d'oxyde de carbone dans le four fermé. La cheminée
v commence juste au-dessus du chariot. Le porte-
charbon et la tige *l* ne sont donc pas dans le courant de gaz chauds. La partie supérieure du four
est refroidie, de plus, par une chemise d'air *w* où un

courant d'air est maintenu. L'air froid entre par les ouvertures x et l'air chaud est évacué par la cheminée y ; il peut servir à chauffer le local.

Les crayons de charbon doivent recevoir des soins particuliers pour qu'ils durent aussi longtemps que possible. Si l'on a mis suffisamment de coke dans le mélange, les crayons ne sont pas beaucoup attaqués à leur extrémité. Ils diminuent d'environ 0,127 à 0,254 cm. par heure. Ils deviennent plus minces lorsqu'ils sont exposés chauds à l'air. Ils sont surtout attaqués après que le courant électrique a été interrompu, parce que, tant que le four est en opération, les gaz qui se dégagent montent autour des charbons et les isolent de l'air. Afin de mieux économiser les charbons, il convient donc de maintenir les fours en marche avec aussi peu d'interruption que possible. Dans le four fermé, les charbons sont entourés par des gaz non oxydants, qui les protègent très efficacement. Dans les fours de Spray, les charbons sont entourés par une feuille de fer qui va depuis le porte-charbon jusqu'à 10 cm. de l'extrémité inférieure des charbons. Cette enveloppe est remplie par un mélange de coke et de goudron ou de poix. Ce mélange est cuit en entourant les charbons et leur enveloppe par le produit chauffé au rouge qu'on retire du four électrique, ou en les plaçant dans un feu spécial. L'enveloppe dure en général aussi longtemps que les charbons. Une série de ceux-ci dans un four ouvert, du type de Spray, et avec des opérations interrompues, dure en moyenne 100 heures. Ces chiffres se rapportent à un courant de 1.700 à 2.000 ampères. Le voltage n'a pas d'influence perceptible sur le résultat. Si l'on opère, par exemple, avec 1.700 ampères et 100 volts, soit 225 chevaux, la production de carbure par heure sera d'environ 38 à 39 kg.; soit 4 kg. par cheval heure en 20 heures; une série de charbon suffira donc à la production de 3.800 à 3.900 kg. de carbure, même dans un four ouvert. Si le four était employé sans arrêt, les charbons dureraient au moins de 200 à 300 heures, et le prix des crayons par tonne de carbure serait d'environ 5 fr.

Il est nécessaire que le carbure de calcium soit aussi pur que possible, et cela tient naturellement à la composition des matières qui entrent dans sa fabrication.

MM. Morehead et de Chalmot ont étudié l'influence des matières premières et de la main-d'œuvre sur la qualité du carbure et aussi quelle était la qualité de carbure la plus économique à produire au point de vue de la dépense en force motrice. Nous donnerons à la suite le résultat des essais entrepris par M. Bullier sur le CaC^2 au point de vue des impuretés.

Le coke ne doit pas contenir beaucoup de cendres; celui qui a servi aux expériences de ces ingénieurs en contenait 7 pour 100.

Si l'on emploie du coke contenant de 10 à 11 pour 100 de cendres, le carbure est de qualité inférieure. On n'a pu obtenir de carbure de qualité acceptable avec du coke contenant 27 pour 100 de cendres. Le coke doit être broyé très fin et passé dans un tamis de 50 mailles au pouce.

La chaux n'exige pas un broyage aussi fin que le

coke ; les plus gros grains doivent passer dans un tamis de 10 mailles au pouce. Si la chaux est en grains plus gros, la qualité du carbure devient inférieure. On peut se rendre compte de l'importance de cet état de pulvérisation de la chaux en comparant le rendement de gaz obtenu avec de la chaux vive (310 litres) et avec la chaux éteinte à l'air (329 litres). La première n'était pas aussi fine que la chaux vive. Cependant, nous verrons plus loin qu'à un point de vue général, la chaux non éteinte est préférable.

La chaux employée contenait 1,5 pour 100 de magnésie et 1 pour 100 d'autres impuretés. La chaux anhydre doit contenir au moins 95 pour 100 d'oxyde de calcium et 5 pour 100 au plus d'impuretés. La présence de la magnésie est particulièrement nuisible. On n'a pu obtenir une bonne qualité de carbure avec une chaux de la composition suivante :

Insoluble.	0,24 pour 100
Silice	0,78 »
Oxyde de fer et d'alumine.	0,68 »
» de calcium	92,83 »
» de magnésium.	5,47 »
Total.	100,00

Des expériences ultérieures ont prouvé qu'une quantité de magnésie de 2,5 pour 100 dans le mélange avait une influence marquée sur la production. La chaux employée pour la fabrication du carbure ne doit pas contenir plus de 3 pour 100 de magnésie. Le rôle de cette substance est de former

un voile entre le charbon et la chaux, ce qui empêche leur combinaison.

Le mélange de la chaux et du coke pulvérisés
doit être très intime, sous peine de ne produire que
du carbure de qualité inférieure.

Si l'on mesure la quantité d'énergie électrique
dépensée pendant la durée de l'expérience et la production totale de carbure obtenue, on peut, après
avoir déterminé le rendement en gaz de ce dernier,
se rendre compte du volume d'acétylène produit par
cheval-heure. Les meilleurs résultats sont obtenus
avec la chaux vive, ce qui provient sans doute de
la dépense d'énergie nécessaire pour décomposer la
chaux hydratée. La chaux vive employée contenait,
après le broyage, de 5 à 9 pour 100 d'eau. La chaux
vive a, de plus, l'avantage de peser moins et d'être
beaucoup moins volumineuse; les mélanges non
convertis faits avec de la chaux vive refroidissent,
au sortir du four, beaucoup plus rapidement que
ceux faits avec de la chaux éteinte. Les seuls désa-
vantages de la chaux vive, c'est qu'elle doit être
broyée, et que les mélanges où elle entre doivent
être plus souvent tisonnés dans le four; ils peuvent,
en effet, former sans glissement des talus à très
forte déclivité le long des parois du four, et par
conséquent laisser un trou, tout autour des charbons.

Le mélange à traiter doit contenir en moyenne
100 parties de chaux et 64 à 65 parties de carbone
pour donner un carbure rendant 310 litres environ
de gaz par kg. Si la tension est de 100 volts, il vaut
mieux prendre un peu plus de charbon (100 parties

de chaux et 66 ou 67 parties de charbon). Si la tension est de 65 volts au moins, 63 à 64 parties de charbon suffisent. Lorsqu'on augmente la quantité de charbon, le carbure devient plus pur, mais la partie extérieure, mélange de matières converties et non converties, devient plus considérable.

Le plus grand rendement de gaz par cheval est obtenu lorsqu'on fabrique du carbure produisant environ 310 litres de gaz par kg. Le rendement en kg. de carbure par cheval varie inversement avec la qualité.

Au point de vue de l'emploi du courant, le meilleur rendement a été obtenu avec une tension de 100 volts et une intensité d'environ 1.700 ampères. La qualité du carbure est meilleure avec de bas voltages, de 50 à 65 volts.

Ces résultats obtenus avec un appareil particulier dans lequel les résultats devaient varier en raison des résistances passives, des pertes de chaleur, etc., suivant les circonstances des expériences, n'ont évidemment qu'une valeur toute relative.

FOURS DE FROGES

L'Éclairage électrique du 4 avril dernier a donné la description du four de Froges ; nous la reproduisons ici (fig. 51).

Ce four est monté sur quatre roulettes ; il a la forme d'un parallélipipède de 1m80 × 1m50 × 1m50. Il est formé d'un bloc de graphite *a*, recouvert d'un revêtement extérieur en fonte et percé d'une cavité *d*,

communiquant à sa partie supérieure avec un orifice de chargement E et à sa partie inférieure avec
un trou de coulée B, placé en face d'une cuve C destinée à recueillir le carbure fondu.

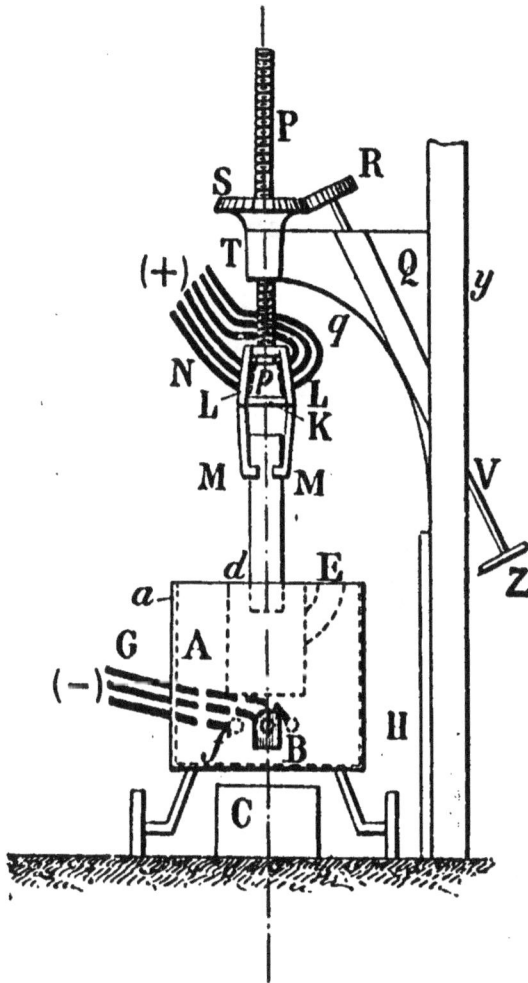

Fig. 51.

La masse du four forme l'électrode négative qui
est isolée du sol par les roulettes ; les conducteurs
négatifs sont fixés par des boulons sur la paroi d'arrière du four.

L'électrode positive est verticale ; elle est formée par une tige de charbon *d* de 20 centimètres de côté serrée par quatre griffes d'une mâchoire dont les deux flasques servent de point d'attache aux six câbles du conducteur positif.

Cette mâchoire est solidaire d'une tige filetée et peut être soulevée ou abaissée au moyen d'un système d'engrenages T, S, R, manœuvré par un volant. L'ouvrier qui déplace l'électrode est garanti contre le rayonnement du four par un écran en mica.

On remplit le creuset du mélange de chaux et de coke, puis on abaisse progressivement l'électrode verticale de manière à chauffer la masse et à former ensuite un arc entre l'électrode et la masse contenue dans le creuset. L'ouvrier règle la position de cette électrode d'après les indications du voltmètre et de l'ampèremètre, en jugeant de l'état de la réaction par la grandeur et la couleur de la flamme. Quand cette réaction est sur le point d'être terminée, un ouvrier débouche le trou de coulée pendant qu'un autre recharge le creuset.

L'électrode reste plongée dans ce creuset, le courant n'est pas interrompu. La marche du four est donc continue, mais on procède par charges et coulées successives.

Propriétés du carbure de calcium.

Le carbure de calcium est un composé de carbone et de calcium dans les proportions d'un atome de calcium contre deux de carbone ; sa densité a été prise dans la benzine à 18°, elle est de 2,22.

Son odeur est pénétrante à l'air ; il dégage toujours de faibles quantités d'acétylène et outre cela, il possède une odeur qui lui est propre. Ses propriétés antiseptiques sont extrêmement remarquables.

Quand on casse le carbure de calcium, sa masse se clive avec une très grande facilité et sa cassure est nettement cristalline.

Il est insoluble dans tous les réactifs, dans le sulfure de carbone, dans le pétrole et dans la benzine. De ce côté, il présente les mêmes particularités que le charbon.

La propriété la plus remarquable du carbure de calcium, c'est que dans une atmosphère de chlore, à la température de 245°, il devient incandescent. Il se forme d'après la formule :

$$CaC^2 + Cl = CaCl + C^2$$

du chlorure de calcium et il reste du charbon, mais ce qu'il y a de très curieux, c'est que le poids de ce corps simple est inférieur au poids du carbone de l'acétylène.

Les vapeurs de brome et d'iode agissent exactement de la même façon.

Dans l'oxygène, il brûle au rouge sombre en donnant du carbonate de calcium.

Dans la vapeur de soufre, l'incandescence se produit vers 500° en donnant du sulfure de calcium et du sulfure de carbone.

L'azote n'a aucune action, même à haute température.

La vapeur de phosphore au rouge donne du phosphure sans incandescence. La vapeur d'arsenic, au contraire, réagit avec un grand dégagement de chaleur en donnant de l'arséniure de calcium. Au rouge blanc, le silicium et le bore sont sans action sur ce composé.

Il ne réagit pas sur la plupart des métaux. Il n'est pas décomposé par le sodium et le magnésium à la température de ramollissement du verre. Avec le fer, il n'y a pas d'action au rouge sombre, mais à haute température il se forme un alliage carburé de fer et de calcium.

Cette propriété qui, avec le carbure de calcium, ne présente qu'un intérêt limité, peut en présenter un très grand avec le carbure de chrome pour la préparation facile des ferrochromes ou fers chromés.

L'étain ne paraît pas avoir d'action au rouge, tandis que l'antimoine fournit, à la même température, un alliage cristallin renfermant du calcium.

Enfin, le carbure de calcium se décompose au contact de l'eau en donnant de l'acétylène qui se dégage, et de la chaux qui reste en suspension :

$$CaC^2 + H^2O = CaO. + C^2H^2.$$

Si on laisse tomber un petit fragment de carbure de calcium dans l'eau, il se produit immédiatement une violente effervescence qui ne s'arrête que lorsque tout le morceau de carbure est décomposé. C'est sur cette simple décomposition qu'est basée l'éclairage à l'acétylène.

Cette décomposition est plus ou moins rapide. Les carbures obtenus par cristallisation dans le four, tels que ceux de la Société des carbures métalliques (fig. 52) se décomposent très rapidement, en donnant de l'acétylène absolument pur.

Du reste, voici ce que donne l'analyse eudiométrique :

Gaz analysé	1,28
Oxygène	15,15
Gaz total.	16,43

Après l'étincelle, il reste 14,50.

La contraction est de 1,93.

Fig. 52.

En faisant passer le fragment de potasse, on trouve 2,52 d'acide carbonique qui sont absorbés et il reste en effet, 11,98 dans l'eudiomètre. Or, si le gaz était de l'acétylène pur, on devrait avoir comme contraction 1,95 et 2,56 comme volume d'acide carbonique.

D'ailleurs, nous avons fait des analyses à la bu-

rette de Bunte de gaz acétylène obtenus par les carbures les plus différents et nous avons toujours obtenu les nombres 99,5, 99,6, 99,2, 99,4, pour le
volume de l'acétylène sur 100 parties. Ce qui reste
peut être de l'azote et des traces d'autres gaz.

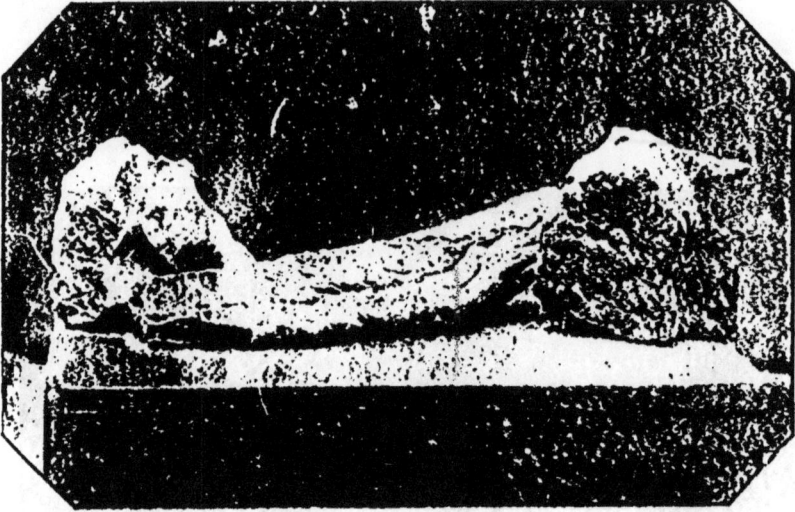

Fig. 53.

Ces preuves sont absolument suffisantes pour démontrer la pureté du gaz que l'on obtient par la décomposition du carbure de calcium sur l'eau. Les
autres impuretés dont nous dirons quelques mots
tout à l'heure sont en faible quantité, elle proviennent comme on le verra, des impuretés du CaC_2
commercial.

Celui de Froges (fig. 53) se décompose avec une
moins grande rapidité, il est particulièrement dif-
férent de l'autre à ce sujet; quelquefois il ne se décompose qu'au bout d'un petit moment et alors
assez brusquement.

16

Le gaz obtenu, comme je l'ai dit plus haut, est exactement de la même pureté et des expériences nombreuses ont été faites par nous dans la burette du Dʳ Bunte ; les résultats ont toujours été les mêmes.

Nous avons voulu nous rendre cependant compte des effets de l'épuration.

Nous avons commencé nos essais d'épuration au moyen du chlorure de calcium, glycérine pure et oxyde de fer.

Les résultats obtenus ont été sinon inférieurs, du moins pareils. Nous nous sommes rendu compte aussi du mode d'épuration préconisé par M. R. Pictet et nous n'avons trouvé aucune différence. Le peu de produits phosphorés et sulfurés que l'on rencontre dans les carbures dont nous venons de parler ne s'arrêtent pas à l'épuration.

Dans le mode de fabrication de l'acétylène, il y a cependant une chose sur laquelle je dois attirer l'attention et c'est évidemment ce qui a été le point de départ des intéressantes recherches de M. Pictet sur l'épuration du gaz acétylène.

Lorsque ce dernier est fabriqué au moyen d'un appareil dans lequel une masse de carbure se trouve emprisonnée et sur laquelle on fait arriver des gouttes d'eau ou un filet d'eau, il se produit à ce moment des réactions très complexes, car la chaleur développée par la décomposition du carbure est énorme.

Le gaz acétylène alors est chargé d'impuretés qui, à mon avis, ne sont pas nuisibles, mais qui n'en sont pas moins des impuretés ; le gaz présente une odeur infecte et si on le fait passer dans ces conditions dans un réfrigérant, il se dépose des benzines, des huiles qui ont une odeur insupportable.

L'acétylène se polymérise, en effet, à haute température, l'eau chargée d'azote laisse dégager ce gaz qui se combine avec l'acétylène en donnant un peu de cyanure, une foule de réactions se produisent, mais tous ces phénomènes ne se produisent pas et le gaz est absolument pur lorsque, laissant tomber le carbure dans une masse d'eau un peu importante, il se forme à froid.

La vapeur d'eau, au rouge sombre, ne produit qu'une très faible réaction avec du carbure de calcium.

Le carbure se recouvre d'une couche de charbon et de carbonate qui limite l'action de la vapeur d'eau et le dégagement gazeux formé en grande partie d'hydrogène et d'acétylène est beaucoup moins rapide. C'est encore ce qui explique les impuretés que certains appareils fournissent, car dans ces appareils c'est la vapeur au rouge sombre qui agit.

Les acides réagissent. L'acide sulfurique fumant donne un dégagement assez lent et le gaz paraît s'absorber en grande partie. L'acide ordinaire produit une décomposition beaucoup plus vive et prend une odeur aldéhydique marquée.

Avec l'acide azotique fumant, il n'y a pas de réaction à froid et l'attaque est à peine sensible à l'ébullition. L'acide azotique très étendu fournit de l'acétylène. Il en est de même de l'acide iodhydrique et chlorhydrique.

Si on chauffe l'acétylène avec le gaz acide chlorhydrique sec, il se produit, au rouge vif, une incandescence marquée, et il se dégage un mélange gazeux très riche en hydrogène.

Certains oxydants agissent avec une grande énergie sur le carbure de calcium. L'acide chromique fondu devient incandescent dès qu'il est en contact avec lui et il se dégage de l'acide carbonique. Une solution d'acide chromique ne donne que de l'acétylène. Le chlorate de potassium et l'azotate de potassium en fusion n'attaquent pas le carbure de calcium ; il faut le porter au rouge pour qu'une décomposition se produise avec incandescence et formation de carbonate de calcium.

Le bioxyde de plomb oxyde le composé avec incandescence au-dessous du rouge sombre ; le plomb qui provient de cette réduction renferme du calcium.

Broyé avec le fluorure de plomb à la température ordinaire, il devient incandescent.

Une des propriétés très remarquables du carbure de calcium est la suivante : si dans un tube scellé on le chauffe à 180° C^s de température avec de l'alcool anhydre, le carbure fournit de l'acétylène et de l'éthylate de calcium, d'après l'équation suivante :

$$2(C^2H^5OH) + C^2Ca = C^2H^2 + (C^2H^5O)Ca.$$

Ici, on obtient du gaz acétylène qui est complètement absorbable par le sous-chlorure de cuivre ammoniacal, en fournissant un acétylure noir qui semble bien indiquer l'existence des carbures acétyléniques.

Les chiffres de dosage du carbure de calcium cristallisé sont les suivants :

	1	2	3	4	Théorie
Calcium ..	62,7	62,1	61,7	62	62,5
Carbone ..	37,3	37,8	»	»	37,5

Nous savons que d'après les études des mélanges industriels, M. Bullier est arrivé et s'est arrêté au chiffre de 65 de chaux et 36 de carbone.

Rendement des carbures industriels en acétylène.

Ce rendement des carbures en acétylène est extrêmement variable. Aussi est-il d'un très grand intérêt pour tout consommateur de connaître ce chiffre aussi exactement que possible, de même qu'il est essentiel à tout gazier de connaître la teneur en gaz d'une houille.

Jusqu'à présent la teneur en gaz acétylène d'un kilogramme de carbure est considérée être d'environ 300 litres.

La vérité est que ce rendement se tient dans les environs de 300, oscillant de 290 à 340 et même 350.

Il est extrêmement facile de vérifier le rendement en acétylène ; il suffit de faire passer un fragment de carbure dans un récipient fermé, en communication avec une cloche mobile sur l'eau et graduée de façon à avoir toujours le gaz à la pression atmosphérique.

Les carbures de de St-Michel, de Froges, de Neuhausen, réputés les plus riches, ont une teneur en acétylène de 330 à 340 litres au kilogramme.

Impuretés du carbure de calcium commercial.

Le carbure de calcium fabriqué industriellement est susceptible de contenir quelques impuretés que l'on peut classer en deux catégories bien distinctes.

La première renferme des corps que nous ne signalerons qu'au point de vue chimique, car ils n'ont aucune action sur le gaz produit ; ce sont le graphite, le borure de carbone, le siliciure de carbone ou *carborundum*, enfin des siliciures et carbures métalliques noyés dans un excès de métal et que l'on trouve dans le carbure de calcium sous la forme de petits culots métalliques.

La seconde catégorie comprend des combinaisons décomposables par l'eau, et amenant, par conséquent, dans le gaz acétylène produit, des combinaisons gazeuses étrangères.

En premier lieu, nous citerons des combinaisons susceptibles de donner, en présence de l'eau, un gaz qui à la combustion donne des composés oxygénés du phosphore ; ensuite, du sulfure d'aluminium Al^2S^6, corps qui ne se forme qu'à une haute température et qui, sous l'influence de l'eau, donne de l'hydrogène sulfuré. Enfin, nous placerons dans cette classe des azotures métalliques qui sous la simple action de l'eau, donneront de faibles quantités d'ammoniac qu'il est facile d'arrêter en le mettant en contact avec l'eau, le gaz ammoniac étant arrêté en vertu de sa grande solubilité.

Impuretés de la première catégorie. — Cette classe n'a aucune influence sur le gaz produit, puisque les corps qui la constituent ne sont pas décomposables par l'eau, sont insolubles dans ce dernier liquide, et qu'ils restent perdus dans le magma de chaux.

A propos de ces impuretés, nous ferons remarquer que l'on a signalé la présence du diamant dans le carbure de calcium. On est en droit de se demander si les auteurs n'ont pas confondu le borure de carbone avec le diamant, ce qui, d'ailleurs, s'est déjà présenté. Ils n'ont jamais dit si la combustion, dans l'oxygène du corps, considéré comme étant du diamant, a donné un poids d'acide carbonique très voisin de quatre fois celui du corps primitif, seul procédé qui permette de reconnaître le diamant dans une analyse.

Le graphite provient de l'action de la chaleur de l'arc électrique sur le charbon, ainsi que Despretz et après lui M. Moisson l'ont démontré. Le borure de carbone provient de l'action de l'acide borique sur le charbon, à la haute température de l'arc acide constituant l'agglomérant du charbon des électrodes que le commerce livre à l'industrie.

Le siliciure de carbone ou *carborundum* résulte de l'action de la silice contenue dans les cendres du charbon sur le charbon lui-même ; la silice peut aussi exister dans la chaux.

Les siliciures et carbures métalliques proviennent de l'union directe du charbon et du silicium avec les métaux dont les oxydes sont contenus dans les cendres du charbon, sous l'influence de la haute température de l'arc.

Ces siliciures métalliques ne sont pas décomposables par l'eau, mais ils possèdent la propriété, quand on les traite par un acide en présence de l'eau, de donner naissance à de l'hydrogène silicié spontanément inflammable.

Impuretés de la seconde catégorie. — Nous trouvons dans cette classe des corps qui sont susceptibles de souiller le gaz acétylène. Ces impuretés sont, d'ailleurs, en très faible quantité, comme nous l'avons déjà dit, et peuvent être, pour ainsi dire, supprimées complètement.

Il suffit, en effet, dans la fabrication du carbure de calcium, d'éviter tous les éléments qui sont la cause des impuretés signalées. Le carbure de calcium, présenté par M. Moissan à l'Académie des sciences, était préparé avec des produits purs.

La seconde catégorie comprend, en première ligne, des corps capables de donner avec l'eau un gaz dont la combustion produit un peu d'acide phosphorique.

La présence du phosphore s'explique par la réduction des phosphates existant dans les cendres du charbon ou dans la chaux elle-même, mais ces corps sont en très faible quantité, d'ailleurs il suffit, pour éviter ce mouvement, de choisir des chaux et des charbons exempts autant que possible de phosphates.

Nous avons signalé la présence du sulfure d'aluminium Al^2S^3. A notre avis, c'est à ce corps qu'est due la présence de l'hydrogène sulfuré dans l'acétylène engendré par le carbure de calcium, il est en effet décomposable par l'eau et on ne peut guère admettre que l'hydrogène sulfuré provienne de la décomposition des sulfures alcalino-terreux par l'eau.

On sait, en effet, que ces sulfures alcalino-terreux ne dégagent de l'acide sulfhydrique qu'en présence d'un acide et, de plus, il est difficile de supposer qu'à la haute température à laquelle le carbure de calcium se forme, ces sulfures puissent exister. On pourrait plutôt croire qu'il existe là un nouveau composé tenant du calcium, du charbon et du soufre, produit qui jouirait de la même propriété que le carbure de calcium d'être décomposable par l'eau.

Restent enfin les azotures métalliques.

Nous ne pouvons pas admettre non plus, que l'azote de l'air puisse se combiner avec le calcium pour donner naissance à un azoture alcalino-terreux décomposable par l'eau et, dans ces conditions, on pourrait plutôt s'attendre à rencontrer des cyanures; nous serions plus portés à croire que la petite quantité d'ammoniaque que l'on rencontre surtout après la décomposition du carbure de calcium dans les appareils à contact (1), provient de l'action de la chaux sur des azotures métalliques perdus dans la masse de carbure.

En somme, les composés phosphorés et sulfurés qui ne peuvent exister qu'en très faible quantité dans le gaz provenant de la décomposition du carbure de calcium par l'eau, ne paraissent pas de nature à constituer dans la fabrication de l'acétylène un danger, ni même un inconvénient sérieux, étant donnée la faible quantité de ces composés.

Il est d'ailleurs, bien évident que l'industrie s'ef-

(1) Voir Chapitre VII.

forcera de fabriquer des produits ne contenant pas
de composés susceptibles de donner naissance à ces
deux sortes d'impuretés

Généralités sur les carbures métalliques.

Le carbure de calcium a été le point de départ
de la préparation d'une foule d'autres carbures.

M. Moissan les a étudiés presque tous et il a résumé son étude dans une note aux Comptes-Rendus
de l'Académie des sciences, note que nous reproduisons *in extenso*.

« A la haute température du four électrique un
certain nombre de métaux tels que l'or, le bismuth
et l'étain, ne dissolvent pas de carbone.

Le cuivre liquide n'en prend qu'une très petite
quantité, suffisante déjà pour changer ses propriétés et modifier profondément sa malléabilité.

L'argent, à la température d'ébullition, dissout
une petite quantité de charbon qu'il abandonne
ensuite par refroidissement sous forme de graphite.

Cette fonte d'argent obtenue à une très haute
température présente une propriété curieuse : celle
d'augmenter de volume en passant de l'état liquide
à l'état solide. Ce phénomène est analogue à celui
rencontré dans le fer.

L'argent et le fer purs diminuent de volume en
passant de l'état liquide à l'état solide. Au contraire,
la fonte de fer et la fonte d'argent dans les mêmes
circonstances augmentent de volume.

L'aluminium possède des propriétés identiques.

Les métaux du platine, à leur température d'ébullition, dissolvent le carbone avec facilité et l'abandonnent sous forme de graphite avant leur solidification. Ce graphite est foisonnant.

Un grand nombre de métaux vont, au contraire, à la température du four électrique, produire des composés définis et cristallisés.

Nous avons déjà vu que M. Berthelot a préparé les carbures de potassium et de sodium.

En chauffant un mélange de lithine ou de carbonate de lithine et de charbon dans son four électrique, M. Moissan a pu obtenir avec facilité le carbure de lithium en cristaux transparents, dégageant par kilogramme 587 litres de gaz acétylène pur.

De même en chauffant dans son four un mélange d'oxyde et de charbon, il a pu, le premier, obtenir par une méthode générale, à l'état pur et cristallisé par notables quantités, les carbures de calcium, de baryum et de strontium.

Nous connaissons maintenant la préparation du carbure de calcium et sa fabrication industrielle.

Tous ces carbures se détruisent au contact de l'eau froide avec dégagement d'acétylène. La réaction est complète, le gaz obtenu est absolument pur. Les trois carbures alcalino-terreux répondent à la formule C^2R et le carbure de lithine à la formule C^2Li^2.

Un autre type de carbure cristallisé en lamelles hexagonales transparentes de 1 cm. de diamètre, nous est fourni par l'aluminium. Ce métal, fortement chauffé au four électrique, en présence de charbon, se remplit de lamelles jaunes de carbure, que l'on peut isoler par un traitement assez délicat au moyen d'une solution d'acide chlorhydrique étendu, refroidie à la température de la glace fondante.

Ce carbure métallique est décomposé par l'eau, à la température ordinaire, en fournissant de l'alumine et du gaz méthane pur. Il répond à la formule C^3AL^4.

M. Lebeau a obtenu dans les mêmes conditions le carbure de glucinium qui, lui aussi, fournit à froid, avec l'eau, un dégagement de méthane pur.

Les métaux de la cérite donnent des carbures cristallisés dont la formule est semblable à celle des carbures alcalino-terreux, C^2R.

M. Moissan a étudié spécialement la décomposition par l'eau des carbures de cérium C^2Ce, de lantane C^2La, d'yttrium C^2Yt et de thorium CTh.

Tous ces corps décomposent l'eau et fournissent un mélange gazeux riche en acétylène et contenant du méthane. Avec le carbure de thorium l'acétylène diminue et le méthane augmente.

Toutes les expériences entreprises sur le fer ne lui ont jamais donné de composés cristallisés. A la pression ordinaire et à haute température, le fer n'a pas fourni de combinaison définie.

On sait depuis longtemps, grâce aux recherches de MM. Troost et Hautefeuille, que le manganèse produit un carbure CMn^3. Ce carbure peut être préparé avec la plus grande facilité au four électrique et, au contact de l'eau froide, il se décompose en donnant un mélange à volumes égaux de méthane et d'hydrogène.

Le carbure d'uranium C^3Ur^2 que M. Moissan a obtenu par les mêmes procédés, lui a présenté une réaction plus complexe.

Ce carbure, très bien cristallisé et transparent, lorsqu'il est en lamelles très minces, se détruit au contact de l'eau et fournit un mélange gazeux qui contient une grande quantité de méthane, de l'hydrogène et de l'éthylène.

Mais le fait le plus intéressant présenté par ce carbure est le suivant : l'action de l'eau froide ne dégage pas seulement des carbures gazeux ; il se produit en abondance des carbures liquides et solides. Les deux tiers du carbone de ce composé se retrouvent sous cette forme.

Les carbures de cérium et de lanthane, par leur décomposition par l'eau, fournissent de même des carbures liquides et solides, bien qu'en quantité moindre.

L'ensemble de ces carbures décomposables par l'eau à la température ordinaire, avec production d'hydrogènes carbonés, constitue une première classe de composés de la famille des carbures métalliques.

La deuxième classe sera formée par des carbures ne décomposant pas l'eau à la température ordinaire, tels que les carbures de molybdène CMo^2, de tungstène CTg^2, de chrome CCr^4 et C^3Cr^3.

Ces derniers composés sont cristallisés, non transparents, à reflets métalliques. Ils possèdent une grande dureté et ne fondent qu'à une température très élevée. M. Moissan a pu les préparer tous au four électrique.

Les métalloïdes donnent aussi avec le carbone, à la température du four électrique, des composés cristallisés et définis. Nous citerons, par exemple, le carbure de silicium CSi, découvert par M. Acheson, dont j'ai donné le four.

Ce produit est préparé dans l'industrie sous le nom de carborundum ; le carbure de titane CTi dont la dureté est assez grande pour permettre de tailler le diamant tendre ; le carbure de zirconium CZr ; le carbure de vanadium CVa.

Un fait général se dégage des nombreuses recherches entreprises par M. Moissan dans son four électrique. Les composés qui se produisent à haute température sont toujours de formule très simple et, le plus souvent, il n'existe qu'une seule combinaison.

La réaction qui a paru la plus curieuse dans ces recherches est la production facile de carbures d'hydrogène gazeux, liquides ou solides, par l'action de l'eau froide sur certains de ces carbures métalliques. Il a semblé que ces études pouvaient avoir quelque intérêt pour les géologues.

Les dégagements de méthane, plus ou moins pur, qui se rencontrent dans certains terrains, et qui durent depuis des siècles, pourraient avoir pour origine l'action de l'eau sur le carbure d'aluminium.

Une réaction du même ordre peut expliquer la formation de carbures liquides.

On sait que les théories relatives à la formation des pétroles sont les suivantes :

1° Production par la décomposition des matières

organiques animales ou végétales ; 2° formation des pétroles par réactions purement chimiques, théorie émise pour la première fois par M. Berthelot et qui a fait le sujet d'une publication de Mendeléef ; 3° production des pétroles par suite de phénomènes volcaniques, hypothèse indiquée par Humboldt dès 1864.

En partant de 4 kg. de carbure d'uranium, M. Moissan a obtenu dans une seule expérience plus de 100 gr. de carbures liquides.

Le mélange ainsi obtenu est formé de carbures éthyléniques, et en petite quantité de carbures acétyléniques et de carbures saturés. Ces carbures prennent naissance en présence d'une forte proportion de méthane et d'hydrogène, à la pression et à la température ordinaires, ce qui a amené M. Moissan à penser que, lorsque la décomposition se fera à température élevée, il se produira des carbures saturés analogues aux pétroles.

M. Berthelot a établi, en effet, que la fixation directe de l'hydrogène sur un carbure non saturé, pouvait être produite par l'action seule de la chaleur.

L'existence de ces nouveaux carbures métalliques, destructibles par l'eau, peut donc modifier les idées théoriques qui ont été données jusqu'ici pour expliquer la formation des pétroles.

Il est bien certain que l'on doit se mettre en garde contre des généralisations trop hâtives.

Vraisemblablement, il existe des pétroles d'origines différentes. A Autun, par exemple, les schistes bitumineux paraissent bien avoir été produits par la décomposition de matières organiques.

Au contraire, dans la Limagne, l'asphalte imprègne toutes les fissures du calcaire d'eau douce aquitanien, qui est bien pauvre en fossiles. Cet asphalte est en relation directe avec les filons de pépérite (tufs basaltiques), par conséquent en relation évidente avec les éruptions volcaniques de la Limagne.

Un sondage récent fait à Riom, à 1200 m. de profondeur, a amené l'écoulement de quelques litres de pétrole. La formation de ce carbure liquide pourrait, dans ce terrain, être attribuée à l'action de l'eau.

M. Moissan a démontré, dans sa note sur le carbure de calcium que nous avons relaté dans l'historique, dans quelles conditions ce composé peut être brûlé, et donner de l'acide carbonique.

Comme il a été dit dans cette note, il est vraisemblable que, dans les premières périodes géologiques de la terre, la presque totalité du carbone se trouvait sous forme de carbures métalliques. Lorsque l'eau est intervenue dans les réactions, les carbures métalliques ont donné des carbures d'hydrogène et ces derniers, par oxydation, de l'acide carbonique.

On pourrait, peut-être, trouver un exemple de cette réaction dans les environs de Saint-Nectaire. Les granits qui forment en cet endroit la bordure du bassin tertiaire, laissent échapper d'une façon continue et en grande quantité du gaz acide carbonique.

M. Moissan estime aussi que certains phénomènes volcaniques pourraient être attribués à l'action de l'eau sur des carbures métalliques facilement décomposables.

Tous les géologues savent que la dernière manifestation d'un centre volcanique consiste dans des émanations carburées très variées, allant de l'asphalte et du pétrole au terme ultime de toute oxydation, à l'acide carbonique.

Un mouvement du sol mettant en présence l'eau et les carbures métalliques peut produire un dégagement violent de masses gazeuses. En même temps que la température s'élève, les phénomènes de polymérisation des carbures interviennent pour fournir toute une série de produits complexes.

Les composés hydrogénés du carbone peuvent donc se produire tout d'abord. Les phénomènes d'oxydation apparaissent ensuite et viennent compliquer la réaction. En certains endroits, une fissure volcanique peut agir comme une puissante cheminée d'appel. On sait que la nature des gaz recueillis dans les fumerolles varie suivant que l'appareil volcanique est immergé dans l'océan ou baigné par l'air atmosphérique. A Santorin, par exemple, M. Fouqué a recueilli de l'hydrogène libre dans les bouches volcaniques immergées, tandis qu'il n'a rencontré que de la vapeur d'eau dans les fissures aériennes.

L'existence de ces carbures métalliques, si faciles à préparer aux hautes températures et qui, vraisemblablement, doivent se rencontrer dans les masses profondes du globe, permettrait donc d'expliquer, dans quelques cas, la formation des carbures d'hydrogène gazeux, liquides ou solides et pourrait être la cause de certaines éruptions volcaniques. »

CHAPITRE VI

ÉCLAIRAGE PAR LE GAZ ACÉTYLÈNE

La flamme de l'acétylène est rouge et fuligineuse, lorsque sa combustion est incomplète.

M. Bullier, après ses intéressantes recherches sur le carbure de calcium, eut l'idée de faire brûler le gaz provenant de sa décomposition dans un brûleur à gaz riche, c'est-à-dire, un papillon à fente mince, et la flamme obtenue était blanche, claire et sans fumée.

L'éclairage à l'acétylène était découvert.

De prime abord la question semblait résolue, et M. Bullier venait-il à peine de faire part à quelques personnes de sa découverte que de nombreuses discussions jaillirent. Quelques-uns l'accusaient en riant de vouloir faire tomber la Compagnie du gaz, d'autres, ceux-là plus pratiques, cherchaient immédiatement à fonder des sociétés pendant que l'auteur de la découverte, au contraire, poursuivait tranquillement ses recherches.

Les Sociétés de gaz acétylène surgissent de toutes parts, ce gaz semblant vouloir renverser tous les autres modes d'éclairage.

Les Compagnies de gaz de houille, justement effrayées dans certaines villes, tâchent d'épouvanter le public : l'acétylène est dangereux, il est explosif, il forme des acétylures redoutables ; il est toxique, enfin, c'est l'adversaire de tous les éclairages connus jusqu'à ce jour.

L'éclairage, il est vrai, depuis la lampe antique, n'avait pas fait jusqu'à la découverte de Philippe Lebon, un seul pas en avant.

Quinquet est resté justement célèbre. Argand, Carcel ont fait faire à la lampe antique un progrès, mais l'éclairage en lui-même n'avait pas beaucoup progressé.

Le gaz de houille arrive avec son cortège d'avantages, la facilité d'éclairer des villes, d'avoir de la lumière chez soi d'une façon commode ; la flamme du gaz de houille reste semblable à celle de l'huile, jaune, blafarde, détériorant les couleurs, en un mot rien encore de nouveau dans l'éclairage.

Il faut arriver à l'année 1881 pour voir dans la lumière une transformation ; je veux parler de l'éclairage électrique. C'est Jablochkoff qui hardiment osa le lancer.

C'était une copie de la lumière Drummond, comme éclat, et le progrès était réellement dans cette dernière forme de lumière.

Puis est venue la lumière au magnésium, des rayons purement jaunes nous passons à des rayons blancs éclatants, rayons photogéniques, et qui ont permis de faire la photographie dans l'obscurité.

Ensuite la lampe à arc donne une nouvelle lumière pâle, violacée, triste, mais très intense, pour chaque foyer lumineux pouvant atteindre une intensité de 45 carcels.

L'incandescence électrique venue un peu plus tard, quoique étudiée en même temps, a donné les rayons rougeâtres, mélangés de jaune, du charbon incandescent.

C'est au moment où l'éclairage électrique semblait devoir détrôner le gaz de houille, que ce dernier sortant d'une torpeur qui a duré presque un siècle, lui porte un coup terrible.

Un éminent gazier et chimiste autrichien, le Dr Auer von Velsbach, reprenant la théorie du bec de Clamond, lequel dérivait des procédés Tessier du Motay et Sellon, qui sont en somme les véritables auteurs de la découverte de l'incandescence par le gaz de houille, eut l'idée, de porter à l'incandescence des manchons formés de treillis d'oxyde de thorium, de cérium, lanthane et didyme. Le bec ainsi dénommé bec Auer, a été un peu long à s'acclimater dans le public. En effet, la Société d'incandescence par le gaz, a un peu exploité le public en vendant son bec 25 francs ; elle vendait aussi le manchon, au prix de 3 fr., tout cela était fort coûteux, et le public était effrayé. Heureusement des Sociétés concurrentes firent baisser les prix, et le public put, à ce moment, se servir de ce nouveau mode d'éclairage.

Le bec Auer a sauvé de la ruine bien des Compagnies de gaz. Dans certaine ville de France, une grève de consommateurs avait eu lieu, le bec Auer remplaça bientôt les lampes à pétrole, et le gaz put ainsi reprendre un essor nouveau. Enfin, à l'heure actuelle, il est adopté partout.

Malheureusement, ces différents oxydes dont l'incandescence donne une lumière éclatante n'apportent souvent qu'une source de rayons verdâtres, blafards et jaunes. En augmentant l'incandescence toutefois, on arrive à des radiations qui semblent se rapprocher de la lumière blanche.

M. Denayrouze, s'appuyant sur ce fait que la question d'émission lumineuse devait résider dans une somme de chaleur de plus en plus grande, imagina le bec qui porte son nom.

Un petit ventilateur actionné par une machine électrique, aspire de l'air pris au dehors et l'envoie au brûleur mélangé au gaz. On augmente ainsi la chaleur et, de ce fait, l'intensité lumineuse et on arrive encore à une économie de 5o o/o sur le bec Auer ordinaire.

Le Denayrouze semblait être le dernier mot de l'éclairage, lorsque la découverte de M. Moissan a été connu.

L'acétylène brûlé avec flamme mince ou dans de' petits trous, donne une lumière éclatante et il est certain que c'est là, au point de vue de la lumière, en vue de l'éclairage, un véritable progrès.

Les rayons sont blancs, n'altèrent en aucune façon la couleur des objets. Il faut, il est vrai, pour cela, une combustion très bien réglée, une pression déterminée et il en est à ce sujet, de l'acétylène comme du gaz de houille.

Jusqu'à ces temps derniers, on n'a donné comme becs à acétylène que des papillons à flamme plate ou des Manchester.

Le papillon à flamme plate de la maison Hoffmann de Nuremberg, donne de très bons résultats.

Les becs Bray ooo et oo, sont excellents et donnent aussi de très beaux résultats.

Eclairage au moyen des composés organiques.

Les gaz hydrocarburés constituaient avant la découverte de l'incandescence la principale source de lumière artificielle dans les sociétés humaines. Avec le gaz acétylène ce mode d'éclairage par les gaz hydrocarburés redevient à l'ordre du jour.

Une école anglaise attribue l'éclairement des flammes d'hydrocarbures, en général, à une formation intérieure d'acétylène, qui, se décomposant en ses éléments, met à l'état de liberté des particules de carbone rendues incandescentes par la température élevée que produit la décomposition.

Cette formation intérieure d'acétylène est possible dans les flammes d'hydrocarbures, en général, puisqu'il y a combustion incomplète ; tel est le cas du gaz de l'éclairage proprement dit, des vapeurs gazeuses produites par la décomposition des huiles végétales, des pétroles, cires, etc.

M. Berthelot, le savant chimiste français, a montré que les gaz, comme tous les autres corps d'ailleurs, ne deviennent lumineux que s'ils sont portés à une *température suffisamment élevée.*

Les gaz qui ne renferment aucune particule solide, telle que l'hydrogène, peuvent développer

(1) Emprunté à la *Chimie organique* de Berthelot et Jungflcisch.

par leur combustion une température excessive,
capable de fondre le platine (1700°), sans cependant
émettre autre chose qu'une lueur à peine visible.
C'est seulement en augmentant la pression que la
flamme de l'hydrogène devient lumineuse. Sous la
pression ordinaire, les gaz hydrocarbonés, au contraire, deviennent lumineux par une double cause,
à savoir : la *condensation* de leurs éléments combustibles, *préalable* ou *provoquée par la combustion
même* et la *précipitation sous forme solide* d'une partie du *carbone* qu'ils renfermaient en combinaison.
Dans l'état naturel du gaz et à la température ordinaire ce carbone n'est pas visible, parce qu'il est
uni à l'hydrogène et constitue avec lui le composé
gazeux. Mais au moment de la combustion, deux
actions se produisent, qui mettent à nu une partie
du carbone : d'une part, le gaz hydrocarburé est
porté à une température très élevée, ce qui détermine sa décomposition partielle en carbone, ou vapeurs hydrocarburées très condensées, et en hydrogène ; d'autre part, le gaz se trouvant en présence
d'une quantité d'oxygène insuffisante, son hydrogène brûle le premier, et le carbone se sépare en
nature.

Tels sont d'abord les conditions réglant l'éclairage.

Mais ce n'est pas encore tout. Non seulement il
faut que la flamme renferme une proportion de
carbone et de carbures condensés, suffisante pour
produire une vive lumière et pour subsister en
nature pendant quelques instants ; mais il faut aussi
que ce carbone et ces corps condensés brûlent

complètement à la surface extérieure de la flamme.

Les proportions relatives des éléments constituant le corps combustible doivent donc avoir également une grande importance.

Si, en effet, le carbure est en proportion insuffisante, il ne réfléchit qu'une quantité trop faible ; c'est ce qui arrive avec l'oxyde de carbone, dont la couleur bleue de la flamme semble provenir d'une trace de carbone, produit par un commencement de décomposition. La même chose arrive, mais avec production d'un peu plus de carbone pour le gaz des marais, dont la flamme est jaunâtre et peu éclairante.

Au contraire, si le carbure se trouve en excès, il ne brûle pas complètement à la surface extérieure de la flamme ; une certaine proportion échappe à la combustion, cesse d'être lumineuse et rend la flamme fuligineuse, c'est-à-dire que le carbone non brûlé s'interpose comme un brouillard entre l'œil et les parties lumineuses de la flamme. Celle-ci devient ainsi moins éclairante, et de plus elle envoie à l'œil une grande quantité de lumière rouge, émise par les parcelles de carbone au moment où elles cessent d'être lumineuses, par suite du refroidissement. Toutes ces circonstances se produisent dans la combustion *mal réglée des flammes hydrocarbonées* très riches en carbone.

L'expérience prouve donc que les conditions nécessaires pour qu'une flamme hydrocarbonée brûlant au contact de l'air, soit très éclairante, sont les suivantes :

1° Rapport convenable entre le carbone et l'hydrogène dans le gaz combustible.

2º Condensation des éléments dans ce même gaz.

3º Pression suffisante exercée sur le mélange des gaz combustibles et comburants.

4º Rapport convenable entre le gaz combustible et l'air employé pour le brûler.

On comprend donc que, en réglant la pression du gaz acétylène, la proportion relative des éléments permet d'entrevoir une incandescence très vive des particules de carbone mises en liberté.

L'endothermie de ce gaz y contribue d'ailleurs largement en élevant la température.

La flamme de l'acétylène présente trois zones que nous allons étudier (fig. 54).

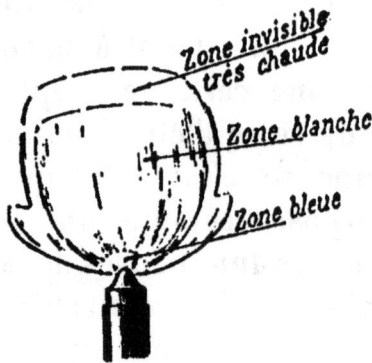

Fig. 54.

La première, très petite, ne représente qu'une combustion incomplète. Au sommet a lieu la décomposition brusque de l'acétylène en ses éléments. La chaleur de décomposition qui permet d'atteindre 2.500º (1), produit aussitôt l'incandescence très

(1) J'ai employé à cet effet le couple thermo-électrique en admettant pour la courbe des températures une ligne droite. Soufre bouillant (448º) et sel fondu (775º). D'ailleurs cette température s'accorde très bien avec la température de décomposition donnée par MM. Berthelot et Vieille 2750º.

vive et très brillante, étant donné la température
élevée de cette incandescence.

La troisième zone représente la combustion complète du gaz ; cette zone est très importante ; elle
s'élève à 2.500 et près de 3.000°, car la combustion
y est très active, le courant d'air qui monte à
l'entour de la flamme amenant une combustion
parfaite du carbone ; dans cette partie de la flamme
on fond le platine avec une très grande facilité ;
j'avais songé à l'utiliser en vue de faire de l'incandescence en plaçant au-dessus des plumes
d'héliogène ; la flamme est malheureusement trop
mobile.

La théorie que nous venons d'exposer semble
rationnelle, nous laissons le champ libre aux discussions.

Cette décomposition brusque de l'acétylène en
ses composants, carbone et hydrogène, est, malheureusement, la source de très grosses difficultés au
point de vue de l'éclairage par le gaz acétylène, au
moyen des papillons à fente mince et de Manchester,
type Bray ou Delarbre.

La première zone étant extrêmement faible, le
commencement du dédoublement de l'acétylène en
ses composants se fait très près de l'orifice de sortie.
Aussi, à la longue, se forme-t-il un dépôt charbonneux qui peut prendre au bout de 48 heures un
développement énorme. La figure 55 en montre un
exemple.

Ceci est un gros inconvénient, car c'est une cause
de très mauvaise combustion et la flamme devient
fuligineuse.

Au bout de quelques heures, trois ou quatre seulement, le dépôt est suffisant pour faire prendre à la flamme une forme différente et il s'ensuit un affaiblissement de l'intensité lumineuse.

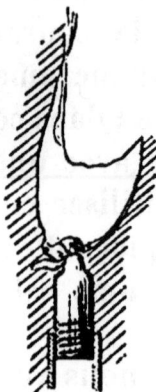

Fig. 55.

Tout d'abord, et c'est presque la seule raison, on a mis cela sur le compte de la richesse du gaz acétylène en carbone.

Effectivement, les vapeurs hydrocarburées, passant sur des corps rougis, déposent à leur surface du carbure par double décomposition. C'est, du reste, ainsi que l'on donne de la ténacité et de l'homogénéité aux fils incandescents des lampes électriques.

Un moyen qui paraît rationnel est alors de diluer l'acétylène dans un gaz inerte, tel que l'azote. C'est ce que M. Bullier a fait dès le début, il a même pris à ce sujet un brevet n° 244.566 à la date du 23 janvier 1895 : Application de l'acétylène à la carburation de l'air et du gaz. Nous verrons plus tard, dans un second travail, que la solution n'est que très approximative.

Il a aussi pensé le diluer à l'air, mais seulement au bec pour éviter des mélanges détonants qui pourraient être dangereux.

Je donne le dessin et l'explication de ces becs comme indication et au point de vue historique car ils ne présentent pas encore tout ce qu'on pourrait désirer fig. 56, 57.

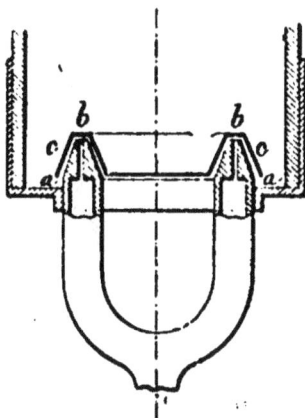

Fig. 56.

L'envoi du gaz fig. 57 se fait par les canaux *a* vers lesquels convergent les conduites *b* où de l'air extérieur est entraîné par le courant de gaz, en quantité convenable pour que le mélange brûle plus complètement.

On peut appliquer ce système à un bec à flamme circulaire fig. 52 on a alors une couronne *c* qui ménage entre elle et le bec deux vides *bb* pour le passage de l'air; comme dans la disposition précédente, les conduits d'air sont inclinés par rapport à ceux du gaz, afin que celui-ci entraîne l'air nécessaire à la combustion et que le pouvoir éclairant soit satisfaisant.

Comme le montre enfin la figure, l'ajutage est
terminé par un étroit orifice *b* débouchant dans un
tube central percé, au droit de cet orifice, d'un trou
d pour l'admission de l'air ; la section de ce trou

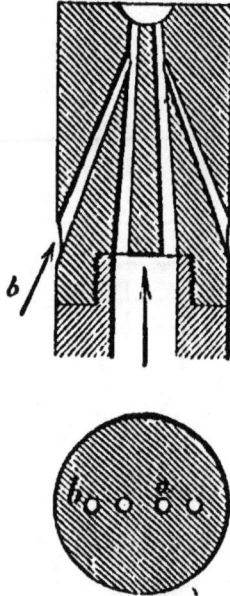

Fig. 57.

est telle que dans l'emploi de l'acétylène le mélange
qui se forme est constitué par 40 o/o d'air et 60 o/o
de gaz. On arriverait avec cela à une lumière 18
fois plus éclairante que le gaz de houille, pour un
même volume de gaz.

Un bec à aspiration d'air assez intéressant, mais
qui n'est en somme que la copie des becs de
M. Bullier, est celui de M. Prevost. En voici la description :

Brûleur Prevost.

En *t* se trouve l'arrivée du gaz fig. 58.

l sont les lumières d'introduction de l'air, R est le manchon dans lequel coulisse un tube de réglage.

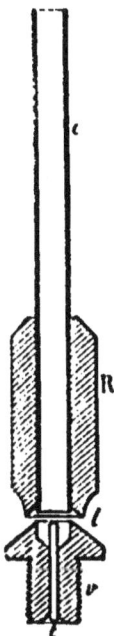

Fig. 58.

A l'extrémité de ce tube on peut obtenir, suivant sa position, soit une flamme blanche éclairante, soit un brûleur genre Bunsen pouvant servir au chauffage.

Les brûleurs de M. Bocandé sont construits à peu près d'après les mêmes principes; ils demandent toutefois une assez forte pression du gaz.

La question semblerait devoir se résoudre dans

un genre de becs particulier dont je vais esquisser
les bases.

Pour éviter l'obstruction des fentes, c'est-à-dire
pour éviter la formation des particules de carbone
trop près de ces fentes, il faut tendre à éloigner la
flamme éclairante, c'est-à-dire la seconde zone.

Si l'on parvenait en effet à combiner entr'eux les
deux effets, l'appel d'air et l'éloignement de la
deuxième zone de l'orifice de sortie, la question du
bec serait à peu près résolue.

Il est dès à présent facile d'éloigner la deuxième
zone de l'orifice de sortie.

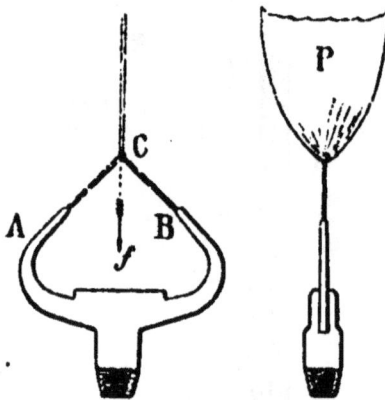

Fig. 59, 60.

Examinons, en effet, les figures 59, 60.

Deux jets de gaz A B viennent se rencontrer en
C et former un papillon P très éclairant. Dans ce
papillon la première zone n'existe plus ; les particules de carbone qui tendraient à se déposer vont
prendre la direction de la flèche ƒ et auront moins
de tendances à venir obstruer les orifices de sortie
A et B.

Des modèles de toutes sortes de ce genre de bec
sont à l'étude. Les résultats obtenus sont déjà bien
meilleurs que ceux donnés par les précédents, et
c'est à notre avis dans ce sens que réside la véritable solution du bec à gaz acétylène pur.

Le bec à appel d'air et à large orifice donnera aussi
pour les éclairages domestiques de grandes satis-
factions ; mais pour les éclairages de longue durée
pour les voitures de chemins de fer où l'acétylène
entrera bientôt, c'est dans le genre de brûleurs
que nous indiquons qu'il faut chercher la solution
de la question.

Quelques détails sur la construction des brûleurs
en général :

Le débit D d'un brûleur qui laisse écouler du gaz
sous la pression P est obtenu au moyen de la formule

$$D = Q \sqrt{P}.$$

On peut admettre que Q varie très peu avec la
pression pour un même bec. Et il est facile d'ailleurs
de caractériser la puissance de débit d'un brûleur
en prenant la moyenne des valeurs de Q observées
pour les différentes pressions qui sont comprises
entre les limites habituelles.

Voici maintenant quelles sont les règles qui ré-
gissent les becs à flamme plate :

1º Si on considère un brûleur quelconque et si
la pression P de débit varie, c'est-à-dire si la consommation du bec augmente, le maximum de l'effet
utile qui est tout simplement le quotient du pouvoir éclairant du brûleur par la dépense de gaz
correspond à la plus forte pression que le bec puisse

supporter, tout en donnant une flamme ferme, mais calme et silencieuse ;

2° Étant donné une série de becs ayant des coefficients d'écoulement Q régulièrement croissants, l'effet utile maximum dont chaque bec est susceptible, va en augmentant, depuis les becs moins puissants jusqu'à ceux dont les coefficients d'écoulement Q atteignent environ 40. Au-delà, l'effet utile maximum n'augmente pas d'une manière sensible. Il tend même à diminuer lorsqu'on exagère le coefficient d'écoulement.

3° Pour une dépense donnée, le bec qui a le meilleur rendement lumineux est celui qui réalise cette dépense sous la plus faible pression compatible avec la fermeté de la flamme et la combustion sans fumée.

Ce dernier point est très essentiel, surtout avec un gaz riche comme l'acétylène. Ici, la pression doit toujours être assez élevée, attendu que le gaz acétylène possède une densité égale à 0,92 et qu'étant un gaz relativement lourd, il lui faut une poussée plus grande pour brûler que le gaz de houille.

Si je me suis appesanti de la sorte sur les papillons, c'est que, à l'heure actuelle, ils tiennent une place prépondérante dans l'éclairage par le gaz acétylène. Les becs à flamme ronde diminuent la valeur éclairante du gaz acétylène. Aussi, jusqu'à présent, aucun n'a-t-il donné de résultats sérieux.

Avant de terminer cette question du brûleur à acétylène, je veux dire quelques mots sur l'éclairement des brûleurs en général.

Comme nous l'avons vu précédemment, comme

je crois l'avoir fait ressortir, le pouvoir éclairant
d'un hydrocarbure réside dans la mise à l'état de
liberté de particules de carbone rendues incandescentes par la chaleur provoquée par cette mise
en liberté, ou plus justement, cette décomposition. L'incandescence blanche pour la flamme de
l'acétylène se comprend aisément puisque grâce à
l'endothermie de cet hydrocarbure la chaleur qu'il
développe en brûlant s'élève à 14.000 calories.
D'ailleurs, n'a-t-on pas démontré déjà que le pouvoir éclairant d'un gaz est en raison directe de sa
chaleur de combustion en volume, puisque les gaz
sont brûlés au volume et non au poids.

Partant de ces idées générales, il est facile de
montrer qu'une série de gaz commençant à l'hydrogène avec 3.091 calories en volume, passant par
le gaz de houille avec 5.500 colories et finissant à
l'acétylène avec 14.000 calories, sera de plus en
plus éclairante pour atteindre avec ce dernier gaz
presque le maximum, et l'on peut presque affirmer que le rapport d'éclairement qui existe entre
le gaz de houille et l'hydrogène pour un même volume est presque le même que le rapport qui existe
entre l'acétylène et le gaz de houille.

J'en arriverai à dire et à soutenir que c'est par
l'incandescence des corps que l'on arrivera plus
tard à l'éclairage idéal.

La valeur éclairante sera représentée par la puissance calorifique de ce gaz.

Il faut distinguer deux choses très dissemblables :
l'incandescence par chaleur, et l'incandescence par
pouvoir émissif ; l'une est essentiellement différente

de l'autre et cependant elles se tiennent toutes les deux. Il est certain que plus le pouvoir émissif d'un mélange incandescent sera grand et plus la lumière obtenue sera grande pour une même quantité de chaleur ; l'un va avec l'autre. Je veux dire par là que si l'on remplaçait dans la lampe à incandescence électrique où la chaleur joue le plus grand rôle, le charbon par la thorine ou autre matière d'un grand pouvoir émissif, la lumière obtenue serait beaucoup plus intense pour un même courant sous une égale intensité.

Tout l'avenir de l'éclairage réside donc en fin de compte dans les pouvoirs émissifs des composés que l'on rencontrera et il est bien évident que la thorine et son mélange ne sont pas les seuls qui possèdent un grand pouvoir émissif.

Comme on le voit, mon intention n'est donc pas de faire le procès du gaz de houille, loin de là ; cet agent étant une grande source de chaleur reste et restera longtemps encore un mode d'éclairage et de chauffage, mais seulement par incandescence en ce qui concerne le premier.

Composition des différentes lumières. Unités photométriques.

Comme je l'ai déjà vaguement indiqué, toutes les lumières artificielles, sauf celle d'Auer, sont dues à l'incandescence du charbon, et la composition des rayons dépend uniquement de la température.

Si on classe les principales sources suivant leur

richesse en rayons moins réfrangibles, on peut les disposer comme suit :

Lampe à huile ;
Gaz d'éclairage ;
Lampes à pétrole ;
Bougies ;
Lampes à incandescence ;
Platine fondu ;
Lumière Drummond ;
Arc électrique ;
Magnésium ;
Acétylène ;
Soleil.

La couleur et la composition de la lumière ont sur l'éclairage une influence considérable, plus considérable même que la surface des foyers.

La lumière blanche semble la meilleure ; c'est évidemment celle qui fatigue le moins la rétine. C'est la lumière du jour, celle du soleil.

De toutes les lumières connues jusqu'à ce jour, celle fournie par la flamme de l'acétylène est certainement la plus riche, celle qui se rapproche le plus de la lumière solaire.

Pour évaluer les quantités de lumière émises par une source, on la compare à une source prise comme unité.

On sait que la quantité de lumière reçue en un point, par unité de surface, varie en raison inverse du carré de la distance de ce point au foyer lumineux, et en raison directe du sinus de l'angle formé par le rayon lumineux sur la surface éclairée.

La plupart des méthodes de photométrie se ra-

mènent à rendre équivalents pour l'œil les éclaire-
ments de deux surfaces par des faisceaux de lumière différents. Les surfaces doivent être aussi
identiques que possible et éclairées simultanément
de la même manière.

Etalons de lumière.

Le choix d'une source lumineuse est devenue
nécessaire lorsque le gaz de houille et la lumière
électrique, sous ses différentes formes, vinrent s'a-
jouter aux anciens modes d'éclairage par les bougies et par les huiles végétales ou minérales.

Bouguer s'est servi dans ses nombreuses recherches de bougies.

C'est à la suite des importants travaux de Dumas
et Regnault faits en vue de l'éclairage au gaz de la
ville de Paris, que l'on a adopté la lampe Carcel,
alimentée par de l'huile de colza épurée, définie par
les conditions suivantes :

Carcel étalon.

Diamètre extérieur du bec.	2,35
— intérieur (courant d'air intérieur)	1,7
— du courant d'air extérieur. . .	4,55
Hauteur totale du verre.	29
Distance du coude à la base du verre . .	6,1
Diamètre extérieur au niveau du coude. .	4,7
— extérieur au haut de la cheminée.	3,4
Epaisseur moyenne du verre	0,2

La mèche est de 75 brins; le décimètre de longueur pèse 3 gr. 6. Elle doit être élevée à 1 cm. et le coude du verre à o cm. 7 au-dessus de la mèche; la flamme présente environ 3 cm. 5 de hauteur et 1 cm. 5 de longueur, ou 5 cmq. 25 de surface apparente.

La lampe doit brûler 42 gr. d'huile à l'heure, mais dans les limites de 40 gr. à 44 gr., l'intensité lumineuse est très sensiblement proportionnelle à la consommation.

En Angleterre, l'unité de lumière est la sperm-candle bougie, dite spermaceti, brûlant à l'heure 120 gr. de matière grasse.

La carcel française vaut 10 bougies décimales.

On peut comparer les différents éclairages en admettant les prix suivants :

Acétylène. . . . .   1 fr. 33 les 1000 kil.
Bougie stéarine. . . . .   2 fr. oo le kilog.
Huile de colza épurée. . .   1 fr. 65.
Pétrole de luxe. . . . .   o fr. 97.
Gaz de houille . . . . .   o fr. 3o les 1000 l.
Lampe à incandescence . .   1 fr. oo le kw.-heure.

Le prix de l'acétylène est calculé à raison de o fr. 4o le kilogr. de carbure de calcium

Le rendement a été admis à 3oo litres par kilog.

Les frais de main-d'œuvre et d'amortissement des appareils servant à la production du gaz sont à peu près nuls.

M. Hubou, ingénieur à la compagnie des chemins de fer de l'Est, a dressé un tableau très intéressant que nous reproduisons ici en donnant les prix de revient du bec-heure.

Différents systèmes d'éclairage	Pouvoir éclairant	Consommation horaire	Consommation d'un bec acétylène de pouvoir éclairant égal	Prix de revient du bec-heure considéré	du bec-heure acétylène corresp.
	carcels	grammes	litres	cent.	cent.
Bougies de l'E-toile........	0,125	10	»	2	»
Lampes Carcel.	1,00	42	8	4,4	1,2
Lampes à pétrole 7 lig. plat........	0,5	20	4,25	1,94	»
Lampe à pétrole 18 lig. rond.	3,2	80	24	7,7	3,6
Gaz			Litres		
Bec papillon...	1,00	140	8	4,2	1,2
Bec à jet 30 trous	1,00	126	8	3,8	1,2
Bec Parisien ..	5,72	200	40	6	6
—	9,60	300	67	9	11,2
Cromartie PM.	3,70	170	28	5,1	4,2
— GM.	5,72	370	40	11,1	6
L'Industriel....	7,00	350	49	10,5	7,3
—	10	425	70	12,8	10,5
—	22	750	122	22,5	18,3
Lampe Wenham	5,8	170	37	5,1	5,5
—	11,00	283	61	8,5	9,1
—	12,30	420	68	12,8	10,2
Bec Auer nº 1..	3,00	85	22,5	2,6	3,4
— nº 2 ..	5,00	120	37,5	3,6	5,6
Lampe à incandescence.....	1	30 watts-heures	8	3	0,2

N'oublions pas que tous ces chiffres correspondent à un prix de carbure élevé, prix qui devra sous peu baisser d'une façon notable.

Dans les voitures de chemins de fer, une lampe à

huile brûle 20 grammes à l'heure. Cette huile de colza épurée coûte 54 fr. les 100 kilos. La dépense du bec-heure huile est donc de 1 c. 1. Il faut y ajouter la consommation des mèches et des cheminées qui revient à o c. 22 par bec-heure. Il coûte donc 1 c. 32 et le pouvoir éclairant ne dépasse pas quatre bougies.

La Compagnie d'Orléans emploie deux becs à pétrole dont la dépense horaire est de 2 c. 32.

Un bec dépense 20 grammes de pétrole à 58 fr. les 100 kilos.

La Compagnie P.-L.-M. emploie le gaz d'huile et le gaz de bogheads.

La consommation horaire d'un bec est de 25 litres. Le prix de revient à raison de o fr. 72 le mètre cube est donc de 1 c. 8 et le pouvoir éclairant est de 7 bougies.

A la Compagnie du Nord où l'on a essayé l'éclairage électrique, le bec-heure coûterait 2 c. 8 pour 10 bougies.

Les essais qui ont été faits par M. Bullier à la Compagnie P.-L.-M. avec M. Chaperon, ont démontré qu'on aurait 1 carcel 1/2 au prix de 1 c. 8.

D'après les essais qui ont été faits à la Compagnie de l'Est où les résultats ont été excellents, on ne peut avoir, de meilleur éclairage dans les voitures de chemins de fer.

La grosse réclame qui a entouré l'affaire de l'acétylène liquide de M. Pictet, a fait dire à quelques journaux de grosses erreurs qu'il ne faut pas laisser ancrer dans les idées du public.

Les chemins de fer de l'État ont eu, paraît-il,

des pourparlers avec M. Pictet pour l'éclairage des
voitures au moyen de l'acétylène liquide.

*Rien ne serait plus dangereux ni plus téméraire
que d'exposer à des différences de température aussi
grandes que celles où elles pourraient se trouver, les
bouteilles d'acétylène liquide sur des voitures de
chemins de fer.*

Il est dit, en effet, dans un projet de réglementa-
tion pour la préparation et l'emploi de l'acétylène
« que les bouteilles ou réservoirs d'acétylène liquéfié
« placés à l'air libre devront être soustraits à l'ac-
« tion directe du soleil » ; j'ajouterai *surtout aux
changements brusques de température.*

Je vais résumer en quelques mots l'historique de
l'éclairage des voitures de chemins de fer et c'est
par là que je terminerai ce chapitre de l'éclairage
par le gaz acétylène.

Nous connaissons déjà les appareils employés à
cet effet, ce sont ceux de M. Bullier décrits dans un
précédent chapitre.

Eclairage des voitures de chemins de fer.

Dès juin 1895, M. Chaperon, ingénieur en chef
du service de l'éclairage à la Compagnie P.-L.-M.,
après avoir fait faire une enquête préliminaire sur
l'emploi de l'acétylène pour l'éclairage des voitures,
et s'être livré à diverses expériences de photométrie
dans son laboratoire de la gare de Lyon, décida
qu'il y avait lieu de faire un essai de route.

A cet effet, un réservoir de 100 litres chargé à 8

kilos, fut installé dans un fourgon de la Compagnie par les soins de M. Bullier.

Ce fourgon, attelé à un train de messageries, effectua le trajet Paris-Dijon et retour, accompagné d'un ingénieur et d'un inspecteur de la Compagnie.

La consommation de chaque bec, au nombre de deux, fut de 12 litres à l'heure.

En janvier 1896, la Compagnie de l'Est ayant eu connaissance de ces premiers essais, commença de nouveaux essais sous la direction de MM. Dumont et Hubou.

Dans deux voitures de première classe, on chargea les réservoirs de 430 litres de gaz acétylène à la pression de 7 kilos au moyen du générateur sous pression Bullier.

Les voitures portant les cylindres d'acétylène comprimé furent mises en service à la Compagnie de l'Est le 31 janvier sur la ligne de Paris à Gretz et retour. Ces voitures fonctionnèrent journellement pendant trois mois, et dans l'intervalle un essai en grande vitesse Paris-Nancy et retour fut fait.

La lumière était d'une blancheur remarquable, sa fixité absolue, quelle que soit la vitesse du train, et malgré les chocs aux croisements. Les voyageurs pouvaient lire avec la plus grande facilité en tous les points des compartiments et ils sont unanimes à apprécier ce nouveau mode d'éclairage.

Il fallait seulement nettoyer les becs tous les trois ou quatre jours. La Compagnie de Lyon ne tarda pas à reprendre ses essais et mit en service une voiture de première classe sur la ligne de Paris-Dijon pendant quelques jours. On chargeait les réservoirs en gare de Paris.

C'est à ce moment que lors du voyage du Président de la République dans le Sud-Est, les réservoirs des voitures du train présidentiel dans lesquels se trouvaient le Directeur et le Président du Conseil d'administration de la Compagnie, furent chargés d'acétylène à 7 kilos au moyen du générateur précédent.

A cette époque également, MM. Ameline et Chevrier, ingénieurs de la Compagnie de l'Ouest, firent construire sur les indications de M. Bullier un générateur sous pression et pendant deux mois des voitures de première classe circulèrent sur la ligne Paris-Auteuil.

La question en est là, les essais seront repris incessamment nous ne doutons pas du plein succès.

L'éclairage par l'acétylène liquide présente de trop grands dangers pour que nous puissions le recommander. Les explosions arrivées récemment rue Championnet et à Berlin chez M. Isaac démontrent que, quoique les causes de l'accident soient absolument étrangères à l'acétylène gaz et à ses propriétés inhérentes, il n'en est pas de même avec l'acétylène liquéfié.

D'après les expériences de MM. Berthelot et Vieille, le frottement dû au serrage ou au desserrage d'un bouchon à vis, la détente brusque, sont des conditions présentant un danger permanent pour le consommateur.

CHAPITRE VII

Depuis la découverte de M. Moissan et les applications que M. Bullier en a faite, des quantités innombrables de chercheurs ont poursuivi la réalisation d'un bon appareil.

La connaissance seule de la propriété du carbure de calcium de se décomposer en gaz acétylène ne suffit pas pour la construction d'un appareil ; il faut, en outre, savoir quelle quantité un kilogr. de carbure peut donner de gaz, la chaleur développée par la décomposition, la composition des gaz qui peuvent être entraînés avec l'acétylène, les caractères explosifs et détonants de ce gaz, sa toxicité plus ou moins grande, enfin, une foule de propriétés inhérentes à ce produit gazeux.

L'ignorance de toutes ces propriétés peut amener le constructeur à commettre de grosses fautes très préjudiciables d'abord à son industrie et aux personnes qui pourraient se laisser aller à acheter un appareil défectueux.

L'explosion récente arrivée à Lyon, dans le quartier des Brotteaux, rue Moncey, celle arrivée récemment à Paris chez M. Huguet, plombier, doivent être une leçon pour le public. Ces explosions, dues à un mélange tonnant d'air et d'acétylène, proviennent certainement d'un appareil défectueux, que ce soit mauvaise fermeture d'un robinet ou bien excès d'eau arrivant sur du carbure de calcium, ou bien encore imprudence.

Au premier abord, la construction d'un générateur semble très simple. Le carbure de calcium donne par seul contact avec l'eau du gaz acétylène.

Faire arriver de l'eau automatiquement sur le carbure a été d'abord la première idée. Nous verrons ce qu'il faut penser de ce système.

On a ensuite essayé le briquet à hydrogène, enfin tout le monde s'est heurté à deux grosses difficultés, auxquelles d'ailleurs il était facile de s'attendre, quand on a pris connaissance des travaux de M. Moissan.

Ces deux difficultés sont ce que j'appellerai la *surproduction* et *l'échauffement*.

1º *Surproduction.* — Dans tout appareil générateur de gaz acétylène, une quantité donnée de carbure de calcium se trouve à un certain moment avec une quantité plus ou moins grande d'eau suivant les besoins de la consommation, mais au moment de la fermeture des robinets au moment de l'arrêt de l'éclairage, l'appareil continue à produire du gaz pour plusieurs causes : la vapeur d'eau qui se dégage de la surface de l'eau, ou bien l'eau qui imprègne encore les pores du carbure dans certains autres systèmes; quoi qu'il en soit, le gaz continue à se dégager et il faut, soit l'emmagasiner, soit le rejeter en dehors de l'appareil.

Cela peut occasionner des pertes, des accidents en faisant exploser les récipients dans lesquels le gaz est surproduit en trop grande abondance.

2° *L'échauffement*. — Ceci doit être évité à tout prix, et dans tous les cas, la température ne devra jamais dépasser 50 à 60°.

Cet échauffement se produit au moment de la réaction du carbure de calcium avec l'eau. Il entraîne avec lui de graves inconvénients :

1° Dans les appareils à pression, nous avons vu, d'après les travaux de M. Vieille, d'après les explosions survenues avec les gaz comprimés, que jamais on ne devra comprimer du gaz sous son propre dégagement à moins de refroidir énergiquement le récipient dans lequel la réaction a lieu.

Nous savons, en outre, que dans les appareils sans pression, gazogènes ou autres, l'échauffement donne lieu à une formation de polymères qui détruisent d'autant les qualités du gaz acétylène et donnent au carbure un rendement bien inférieur à celui qu'il devrait posséder.

Dans ces conditions, le gaz entraîné est humide et il est accompagné de quelques impuretés qu'il faut avoir soin d'éliminer.

Dans les appareils à production de gaz acétylène il faudra donc chercher à éviter la *surproduction* et *l'échauffement*.

Très peu d'appareils réunissent ces conditions. Depuis quelques temps cependant on voit apparaître quelques modèles qui se rapprochent de la perfection.

Nous ne pouvons pas dans cet ouvrage donner

tous les générateurs de gaz acétylène qui ont vu le jour. Ceci, avec les applications de l'acétylène, fera l'objet d'un complément de ce premier travail sur la question.

Nous nous bornerons à donner ici une classification générale des appareils en donnant un type principal, le plus parfait de chaque classe, et en discutant les principes de chacune des classes. Je crois qu'elle servira amplement de guide aux ingénieurs, architectes ou autres, consultés sur la matière.

Nous avons créé une classification qui divise les appareils en deux grandes branches :

1° Les appareils dits A CONTACT ;

2° Les appareils A CHUTE.

La première comprend tous les producteurs d'acétylène dans lesquels une masse de carbure donnée est mise en contact avec une grande quantité d'eau par intervalles ou bien avec de petites quantités d'eau automatiquement au fur et à mesure des besoins.

C'est la classe qui embrasse le plus grand nombre d'appareils, y compris les lampes à acétylène.

La seconde, *appareils à chute,* comprend tous ceux dans lesquels des quantités fixes et pesées d'avance de carbure de calcium tombent dans une grande masse d'eau, soit automatiquement au fur et à mesure des besoins, soit pour remplir des gazomètres comme dans les usines à gaz.

Ces sortes d'appareils porteront le nom plus spécial d'usines domestiques, ou plus généralement d'usines à gaz acétylène.

Nous avons donc à examiner successivement : les appareils à contact ; les appareils à chute ; les usines à gaz acétylène.

Avant cependant de passer à cette description, j'indiquerai que le premier soin du consommateur de carbure de calcium, doit être d'envoyer son échantillon de carbure au Laboratoire municipal, afin qu'il soit examiné.

Nous avons vu que les carbures actuellement fabriqués dans l'industrie, ne sont plus absolument purs comme celui que M. Moissan a obtenu dans son laboratoire, avec du charbon de sucre et de la chaux de marbre.

Beaucoup de carbures sont fabriqués avec des cokes très impurs et des chaux contenant une trop grande quantité de matières étrangères.

Un carbure devra donc répondre aux conditions de pureté les plus grandes possibles. Nous n'avons eu qu'à nous louer des produits de la société des carbures métalliques et de Froges.

Appareils à contact.

Dans cette classe, nous distinguerons trois types d'appareils embrassant un grand nombre de systèmes se rapportant à deux genres, avec gazomètre, et sans gazomètre.

1er type. — Appareils automatiques par pression. { avec gazomètre. { sans gazomètre.

2e type. — Lampes.

3e type. — Appareils automatiques à réglage d'eau. { avec gazomètre. { sans gazomètre.

Le premier type comprend tous les appareils rentrant dans le genre du briquet à hydrogène de Gay-Lussac, ou de l'appareil de laboratoire à vases superposés pour la fabrication de l'hydrogène, et des gaz en général qui se fabriquent à froid par réaction d'un corps solide sur un corps liquide.

Il y en a beaucoup de défectueux. Toutefois, quand on a pu arriver à éviter la surproduction et l'échauffement, il peuvent très bien servir à l'éclairage domestique.

L'appareil-type de classe du premier type avec gazomètre est celui de M. Prevost; sans gazomètre, celui de M. Holliday.

Dans le deuxième type, la lampe est celle de M. Prevost.

Enfin, dans le troisième type, nous décrirons avec gazomètre l'appareil Bon, sans gazomètre, celui de MM. Gillet, Forest et Bocandé.

Appareil Prevost.

1er type. — Avec gazomètre.

L'appareil se compose : d'un récipient a, dans l'intérieur duquel est placé une cloche b réunie à un tube g fixé au récipient a. fig. 61.

Le fond du récipient a, en forme d'entonnoir, est muni d'un bouchon de vidange, pour l'évacuation de la chaux résultant de la décomposition du carbure, et un croisillon f est fixé dans la cloche. C'est sur ce croisillon que repose le carbure.

Le carbure reçoit une certaine préparation, afin d'éviter les chances de surproduction et d'échauffement.

1° Concassage et compression.

2° Trempage au pétrole.

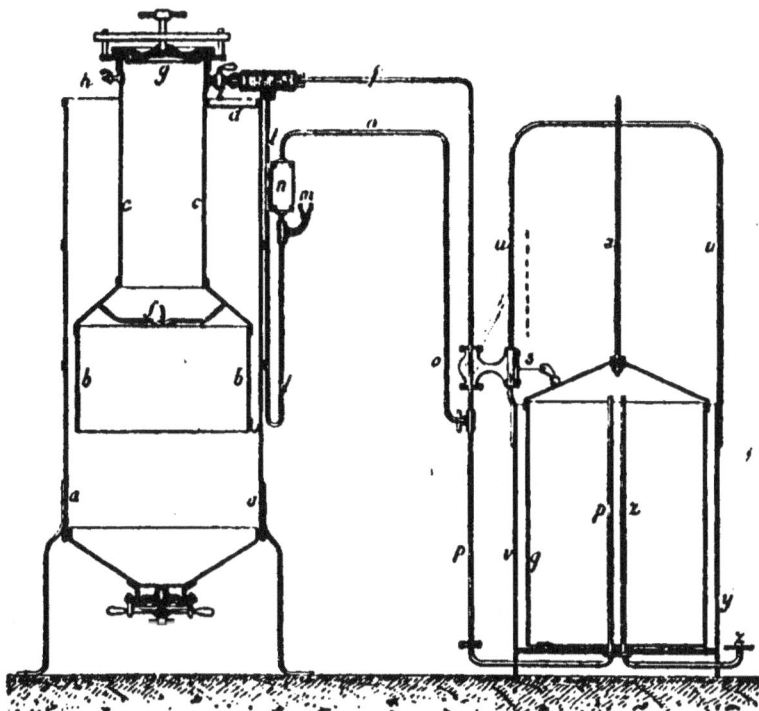

Fig. 61.

La première opération consiste dans un concassage du carbure en poudre dans un endroit sec, et puis agglomération (à la façon des agglomérés de houille), en forme de bougies épousant exactement les formes du récipient c.

On peut, par le second moyen, tremper simplement le carbure dans le pétrole. Cet hydrocarbure pénètre dans les pores du carbure de calcium, et ce dernier n'est pas attaqué par la vapeur d'eau ; le carbure n'est attaqué que plongé complètement dans l'eau.

Le tube y de l'appareil porte un robinet purgeur h et un robinet i pour la sortie du gaz fabriqué.

Le robinet i est réuni à un condenseur, sous lequel est fixé un tube recourbé l, relié au fond de la bouteille n.

Cette bouteille porte à sa partie supérieure un tube o, la reliant avec le tube p d'arrivée du gaz dans la cloche q du gazomètre.

Ce tube est relié au condenseur et porte un robinet de réglage r, dont la clef s prolongée, porte un galet en contact avec le dessus de la cloche q.

La cloche q est convenablement guidée par une tige x. Le tube r sert à la sortie du gaz.

Fonctionnement et mise en marche. — Par l'ouverture du raccord à vis m, on verse de l'eau dans la bouteille n jusqu'au niveau m et l'on replace le raccord.

Après avoir enlevé le bouchon c, on introduit le carbure de calcium par le tube y, et l'on referme le bouchon ainsi que le robinet i, puis on remplit d'eau le récipient a jusqu'à 5 centimètres de son bord.

On ouvre ensuite le robinet purgeur h jusqu'à ce que tout l'air contenu dans l'appareil soit évacué ;

Après fermeture du robinet purgeur h, l'on ouvre le robinet i et le gaz acétylène, après avoir passé,

dans le condensateur k, où il se débarrassera de
la vapeur d'eau et des impuretés qu'il contiendra,
et dans le tube p, se rendra dans la cloche q, qui
dans son mouvement ascendant entraînera avec
elle la clef s du robinet r et le fermera, arrêtant
ainsi le passage du gaz.

Il en résultera que la pression augmentera dans
la cloche du générateur et cette pression agissant
sur la surface de l'eau la refoulera ; elle ne se trouvera plus par suite en contact avec la bougie de
carbure et la production du gaz cessera ; mais l'eau
qu'aura retenue la bougie continuera encore à produire du gaz pendant quelques instants, augmentant ainsi la pression qui agira en passant par le
tube L sur la colonne d'eau qu'il contient, forçant
celle-ci à monter dans la bouteille n.

A ce moment, le niveau de la bouteille n ne pouvant plus changer et celui du générateur a montant encore, ce dernier aura une pression supérieure et obligera le gaz à monter petit à petit à la
partie supérieure de la bouteille, puis à passer par
les tubes o et p pour se rendre dans la cloche q
qui continuera à monter jusqu'à ce que la production du gaz soit arrêtée et que la pression du gaz
contenu dans la cloche b du générateur soit égale
à la colonne d'eau de la bouteille n.

Lorsque le gaz emmagasiné dans le gazomètre
sera livré à la consommation, la cloche q descen-
dra, et dans ce mouvement ouvrira graduellement
le robinet r.

Pour remplacer la bougie usée, on ferme le robinet i ; de cette façon, le gaz emmagasiné ne peut

s'échapper du gazomètre. On ouvre le bouchon de
vidange pour l'évacuation de la chaux et de l'eau
et après l'avoir replacé, on procède comme il a été
dit ci-dessus, sans pour cela arrêter l'alimentation
continue des appareils de consommation.

2ᵉ type. — Sans gazomètre.

Le système sans gazomètre de ce type est celui
de M. Holliday.

Dans cet appareil, on peut obtenir d'assez fortes

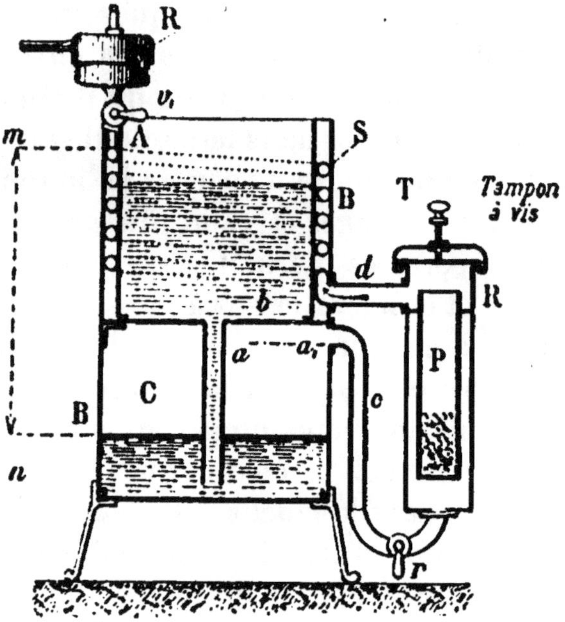

Fig. 62.

pressions, et se servir alors de brûleurs à mélangeurs d'air.

Il se compose d'un réservoir B, divisé en deux
parties par une cloison intérieure *b*. fig. 62.

La partie supérieure est constituée par un cylindre intérieur A, l'intervalle annulaire AB est occupé par un serpentin réfrigérant.

Le générateur ou gazogène R, muni d'un autoclave, porte intérieurement un panier P, qui peut être garni de carbure.

Le tube *d* sert de dégagement au gaz qui se refroidit dans le serpentin S.

Un tube *c* met en communication la partie inférieure du réservoir C avec le gazogène.

Dans le bas du gazogène se trouve une soupape *telle que* l'eau du réservoir C n'arrive dans le générateur que très lentement, et que dans le cas contraire, c'est-à-dire lorsque le générateur refoule l'eau, ce refoulement se fait à plein tuyau.

Pour charger cet appareil, voici comment on opère :

On garnit le panier P de carbure de calcium et on ferme l'autoclave hermétiquement.

On ouvre ensuite le robinet *r*, et le robinet de départ du gaz R$_1$. On remplit d'eau le réservoir A. Cette eau descend dans le réservoir C, le remplit en chassant l'air par le tuyau *c* et le gazogène R, puis le serpentin.

Lorsque l'eau arrive au niveau *a*, elle tend à descendre dans le tuyau *c* et elle va immédiatement attaquer le carbure ; le gaz va se dégager aussitôt. On laisse purger un moment, puis on ferme la sortie du gaz en R$_1$.

Aussitôt, la pression du gaz tend à refouler l'eau qui remonte par le tuyau *a*, et la surproduction de gaz peut s'emmagasiner librement dans le réservoir C. Cette surproduction finit par s'arrêter d'elle-même, attendu que l'orifice de la soupape *s* étant très petit, la vapeur de l'eau contenue dans C ne peut atteindre le carbure; il n'y a de surproduction que du fait de la condensation du gaz produit, condensation qui se fait dans le serpentin et qui retombe par le tuyau *d* sur le carbure ; mais le réservoir C est suffisant pour contenir cette surproduction, qui est d'ailleurs assez faible.

Quand on remet l'appareil en marche, il suffit de rouvrir le robinet R_1 ; le gaz acétylène de la surproduction précédente est utilisé avant qu'une nouvelle quantité d'eau n'ait attaqué le carbure au panier P.

Lorsque cette charge de carbure est épuisée, on ferme le robinet R et on remet du carbure ; on introduit à ce moment une légère quantité d'air dans la fabrication. C'est un très mince inconvénient.

Cette appareil présente d'assez grands avantages, comme on peut le constater ; malheureusement il ne pare pas d'une façon absolue à l'échauffement.

Il faut ensuite le munir d'un régulateur, car l'automaticité est soumise à de grandes variations de régime dans la production. On trouve, à cause de la température assez élevée, à laquelle le gaz est produit, des condensations dans les tuyaux, benzines, huiles lourdes.

Malgré cela, l'appareil est sans danger.

Pour de grandes installations, on le munit de deux gazogènes, fig. 63, qui permettent de ne pas arrêter la production ; l'un étant en chargement, lorsque l'autre est en marche, et inversement.

Tels sont les systèmes d'appareils du premier type.

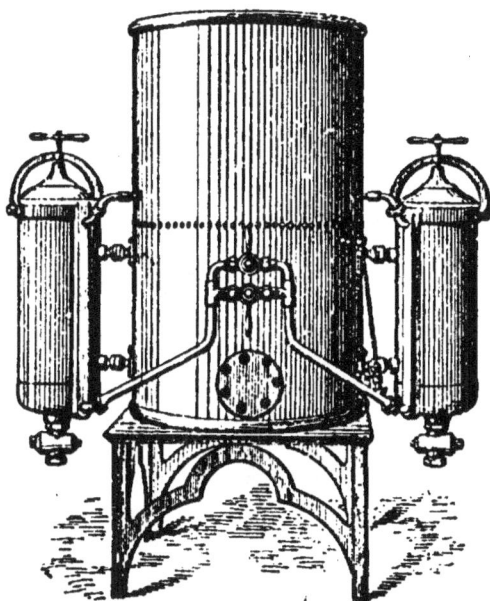

Fig. 63.

Nous avons compris dans le deuxième type, les lampes ou appareils à main portatifs.

Il existe quelques lampes intéressantes.

La première est celle que M. Trouvé a présenté à l'Académie des Sciences, et à la Société des Ingénieurs civils. Nous ne la décrirons pas, car elle trop connue.

M. Prevost, l'inventeur de l'appareil fixe, du système à gazomètre du premier type de la classe à contact, a imaginé une lampe, basée absolument sur les mêmes principes.

Nous la décrirons en détail.

Le carbure y est toujours aggloméré sous forme de bougie et entouré d'un isolant.

Lampe portative Prevost fig. 64.

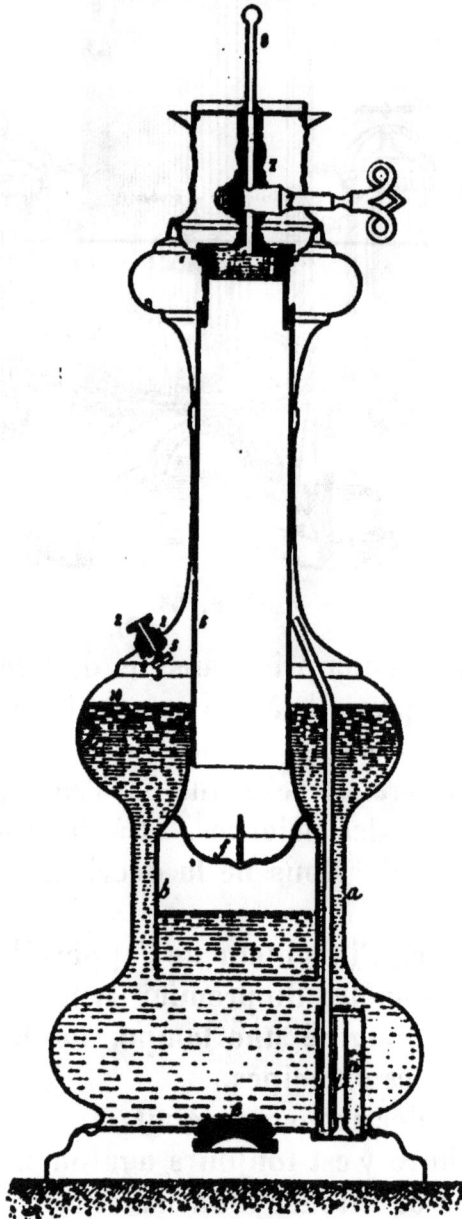

Fig. 64.

Dans ce cas, l'obturateur est constitué par un récipient *n*, muni d'un tube *l'* et par un tube *l*, qui descend jusqu'à quelques millimètres du fond, et se prolonge en dehors du récipient *u* dans le récipient *a*.

La communication de la lampe avec l'extérieur, se fait par la vis 1 2 3 4 5.

k est le condenseur épurateur, formé de toiles métalliques superposées, portant de l'oxyde de fer mélangé à de la ponce en poudre.

Le fonctionnement est le suivant :

On retourne la lampe et on verse dans le réservoir *n* une petite quantité d'eau.

Pour faire fonctionner la lampe, il suffit d'ouvrir le robinet *7*, de tourner le bouchon à vis *2* de gauche à droite et de présenter la flamme d'une allumette au brûleur *8* ; on comprend que pour l'arrêter, il suffit de fermer le robinet *7* et de tourner le bouchon *8* de droite à gauche, jusqu'à ce que la rondelle *4*, supportée par la vis *3* en venant appuyer fortement contre la pièce *1* empêche toutes communications avec l'extérieur.

Pendant la marche de l'appareil, voici ce qui s'est passé : l'eau introduite par l'orifice du tube *l'* a rempli le récipient *n* et l'eau versée dans le récipient *a* a atteint le niveau *g*, dans le récipient et dans la cloche *b* ; la bougie que l'on a introduite dans le tube *c* et qui repose sur le croisillon *f* est venue en contact avec l'eau de la cloche *b* ; ce contact a produit une quantité de gaz qui a rempli la cavité de la cloche *b* et du tube *6*. Ce gaz ne trouve pas d'issue suffisante pour s'échapper par le brû-

leur *8*, quoique le robinet *7* ne soit jamais complètement fermé (son boisseau étant à cet effet muni
d'un goujon qui circule dans une encoche formant
arrêt), la pression de ce gaz a refoulé l'eau de la
cloche *b*, et cette eau est montée dans le récipient
a jusqu'au niveau *10*.

L'air renfermé dans la partie supérieure du récipient *a*, ne pouvant s'échapper par le bouchon à
vis *2* pénètre dans la partie supérieure du tube *l*,
traverse la colonne d'eau qu'il contient et s'échappe
au dehors par l'orifice inférieur du tube *l*. L'eau du
récipient *a* n'étant plus en contact avec la bougie,
la production du gaz a cessé, il y a donc dépression
dans la partie supérieure du récipient *a* ; mais l'air
qui, comme on l'a vu, s'est échappé par le tube *l*
ne peut plus y rentrer, grâce à l'obturation, et l'eau
contenue dans le récipient *n* équilibre le poids de
la colonne d'eau du récipient *a*.

Si l'on tourne alors le bouchon à vis *2*, de façon
à introduire l'air dans la partie supérieure du récipient *a*, l'eau sera refoulée et la pression de l'eau
agissant sur le gaz contenu dans la cloche *b* (le robinet *7* étant ouvert), ce gaz sera chassé et s'échap-
pera par le ou les orifices du brûleur *8* jusqu'à ce
qu'à nouveau, l'eau vienne baigner la bougie pour
amener une nouvelle production de gaz et ainsi de
suite.

Comme on le voit, cette lampe, quoique compli-
quée en principe, est d'une simplicité étonnante.

Nous sommes en présence du briquet à hydrogène, simplifié d'une façon merveilleuse.

Lampe Türr.

Cette lampe présente fig. 65, 66 : 1º Production au fur et à mesure de la consommation ;

2º Parfaite régularité de marche sans à-coups dans la lumière ;

3º Suppression de tout mécanisme pouvant en entraver ou compliquer la marche de l'appareil ;

4º Impossibilité absolue d'explosion par excès de pression, celle-ci ne pouvant jamais dépasser 40 centimètres d'eau ;

5º Échauffement nul des parois de l'appareil ;

6º Possibilité d'arrêter brusquement l'éclairage, sans aucun danger de surproduction au repos ;

7º Maniement très simple, facilité de transport, dimensions peu exagérées et poids ne dépassant jamais 5 kilogrammes dans les lampes courantes.

Tous ces avantages sont obtenus par l'application du pétrole employé comme il va être décrit plus loin. Le pétrole a, en effet, pour propriété de n'avoir aucune action chimique sur le carbure ; il le recouvre simplement et le préserve de l'humidité, qui glisse sur la couche de pétrole. Toutefois, le carbure imprégné de pétrole et plongé dans une masse d'eau parvient toujours à être attaqué au bout de peu de temps, l'eau en masse pouvant atteindre des cavernes du carbure que le pétrole a insuffisamment atteint.

La lampe se compose, comme le montre la figure ci-dessus, de deux vases concentriques D et E soudés à la partie supérieure sur un même chapeau ; ils jouent le rôle de deux vases communicants.

Dans le cylindre intérieur plonge un panier rempli de carbure préalablement imprégné de pétrole. Ce panier est supporté par une cordelette très résistante venant s'enrouler sur un petit tambour *B* manœuvré par un bouton moleté *C*. Au-dessus de

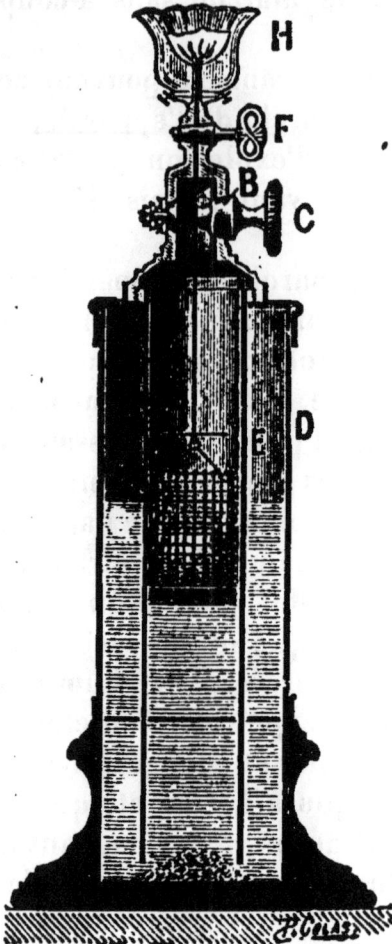

Fig. 65.

Fig. 66.

ce tambour est le robinet *F* d'ouverture et de fermeture du gaz. Une tige traverse le cylindre intérieur pour empêcher que le panier, au cas où la cordelette viendrait à se rompre, ne tombe jusqu'au fond du tube. Cette tige traversant de part en part se prolonge jusque contre les parois du tube extérieur, pour guider le tube intérieur. Les deux tubes renferment de l'eau, mais, sur la nappe d'eau intérieure repose une couche d'environ 1 centimètre de pétrole qui surnage toujours par suite de sa plus faible densité.

Fonctionnement de l'appareil. — Supposons la lampe chargée, le panier étant relevé jusqu'en haut par le bouton C, les niveaux liquides seront sensiblement les mêmes dans les deux vases. Tournons le boutons C d'une quantité fixée d'avance. A ce moment, la base du panier, après avoir traversé la couche de pétrole, viendra au contact de l'eau et l'attaque du carbure commencera. Le gaz produit déterminera une pression qui refoulera le liquide. La couche de pétrole viendra donc baigner à nouveau le carbure attaqué. Si l'on ouvre le robinet F le gaz s'échappe, le niveau de l'eau intérieur remonte, et l'attaque se produit à nouveau et ainsi de suite jusqu'à extinction. Lorsqu'on veut produire cette extinction, il suffit de remonter le panier jusqu'en haut de sa position et laisser brûler le gaz dans l'appareil, ce qui demande une minute au plus, et, finalement fermer le robinet F sans attendre que le gaz soit à peu près entièrement consommé. Cependant, afin d'éviter qu'il reste du gaz sous pression dans l'appareil, nous préconisons plutôt l'extinction après consommation, ce qui n'offre, du reste, aucun inconvénient. La pression est, bien entendu, obtenue par la différence des niveaux du liquide dans les vases intérieur et extérieur, pression qui se maintient d'une façon automatique et parfaitement régulière aux environs de 20 centimètres d'eau.

Il existe une foule de systèmes de lampes, entr'autres celle de M. Serpollet qui grâce à un enrobage spécial évite la formation de chaux dans l'intérieur.

3° Type. — Appareils à réglage automatique d'arrivée d'eau sur le carbure. — Premier système avec gazomètre. — Appareil Bon.

Dans ce type d'appareils, l'eau arrive sur le carbure de calcium, au fur et à mesure des besoins de la consommation.

Très peu d'appareils de ce genre éviteront la surproduction dangereuse; presque aucun n'évite l'échauffement.

Un des seuls qui dans le genre pare d'une façon presque complète à ces deux inconvénients est celui de la Compagnie Continentale d'Eclairage, 51, rue Vivienne, l'appareil Bon, fig. 67, 68.

Le gazogène se compose de :

1° Une cuve ou bassine rectangulaire E à fond plat ouverte en haut, qu'on remplit d'eau jusqu'au trait indiqué extérieurement (un tiers de la hauteur environ). Cette eau sert de joint hydraulique et de réfrigérant ;

2° Une boîte à casier F divisée en compartiments communiquant les uns avec les autres dans un ordre déterminé; c'est dans chacun de ces com-

partiments qu'est placée une quantité déterminée
et variable suivant la dimension des appareils, de
carbure de calcium;

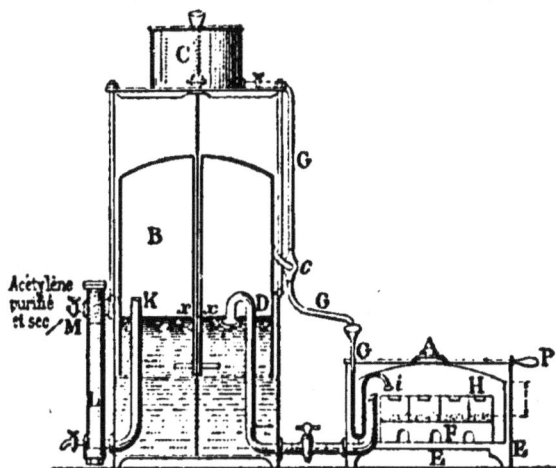

Fig. 67.

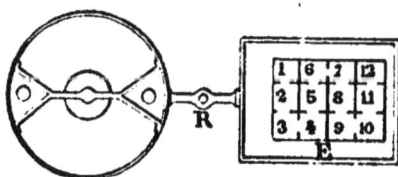

Fig. 68.

3° Une plaque posée sur les casiers pour éviter
les éclaboussures provenant de la réaction de l'eau
sur le carbure;

4° Une cloche H, aussi rectangulaire, qui se pose
entre l'extérieur de la boîte à casiers et la cuve E
recouvrant ainsi tous les compartiments.

Cette cloche porte sur l'une de ses parois un

tuyau G, muni à un bout d'un petit entonnoir qui permet de voir l'écoulement de l'eau tout en évitant d'avoir à manœuvrer un joint : l'autre extrémité I du tuyau vient déboucher au-dessus du premier casier pour y amener l'eau nécessaire à la réaction, et de là successivement de compartiment en compartiment et au fur et à mesure des besoins de la consommation.

Le gazomètre se compose de sa cuve avec guides servant de supports à la cuve d'alimentation C ; cette cuve contient exactement la quantité d'eau nécessaire à la décomposition de tout le carbure. Un niveau d'eau portant des traits indique exactement quel est le compartiment qui est en travail, et donne ainsi l'état d'avancement du dégagement.

La cloche est d'une dimension telle qu'elle peut contenir tout le gaz dégagé par le carbure d'un compartiment.

Un robinet r' à contre-poids sert à l'alimentation du gazogène. La cloche en montant ferme ce robinet qui se rouvre au moment de la descente.

Le gaz produit va au gazomètre par le tuyau D et il barbotte dans l'eau dans ce gazomètre grâce au col de cygne ; il effectue un premier lavage.

Puis il passe dans des colonnes épurantes. Nous recommandons à ce sujet aux constructeurs qui épurent le gaz d'employer la *soude*, le *chlorure de calcium*, la *ponce sulfurique et l'oxyde de fer*.

Il faut autant que possible éviter le cuivre sous la forme d'un sel quelconque. Il vaut mieux agir ainsi par mesure de prudence.

Le gaz sortant de l'appareil Bon est pur et sec.

20

On voit que la surproduction est absolument évitée, d'après le rapport de la contenance de la cloche à celle du casier.

D'après l'encoche qui fait communiquer chaque casier l'un avec l'autre, l'eau n'entrera dans un compartiment pour y déterminer l'effervescence du carbure qu'après avoir épuisé tout celui qui est contenu dans les précédents.

Système sans gazomètre. — Appareil Gillet, Forest et Bocandé (fig. 69.)

De toute la série des appareils à contact, celui-ci ne présente aucun mécanisme ; ne peut produire de surproduction, mais malheureusement n'évite pas l'échauffement.

Ces appareils, cependant, marchent à une pression qui permet de faire usage des brûleurs à mélange d'air.

L'appareil se compose :

D'un réservoir R ;

D'un gazogène G.

Le réservoir R est divisé intérieurement en deux parties, comme dans l'appareil Holliday, et la partie supérieure est fermée et porte simplement un tuyau L de dégagement.

Le gazogène G fermé par un tampon A, contient un panier de carbure P et la distribution de l'eau se fait par le tuyau c et les ajutages q.

Le gaz s'échappe par le tuyau C, monte dans U et pénètre dans le réservoir inférieur par l'orifice e, puis s'échappe par le tuyau HD pour passer dans un épurateur et aller aux becs.

Le fonctionnement est simple.
La partie *n* sert de volant.

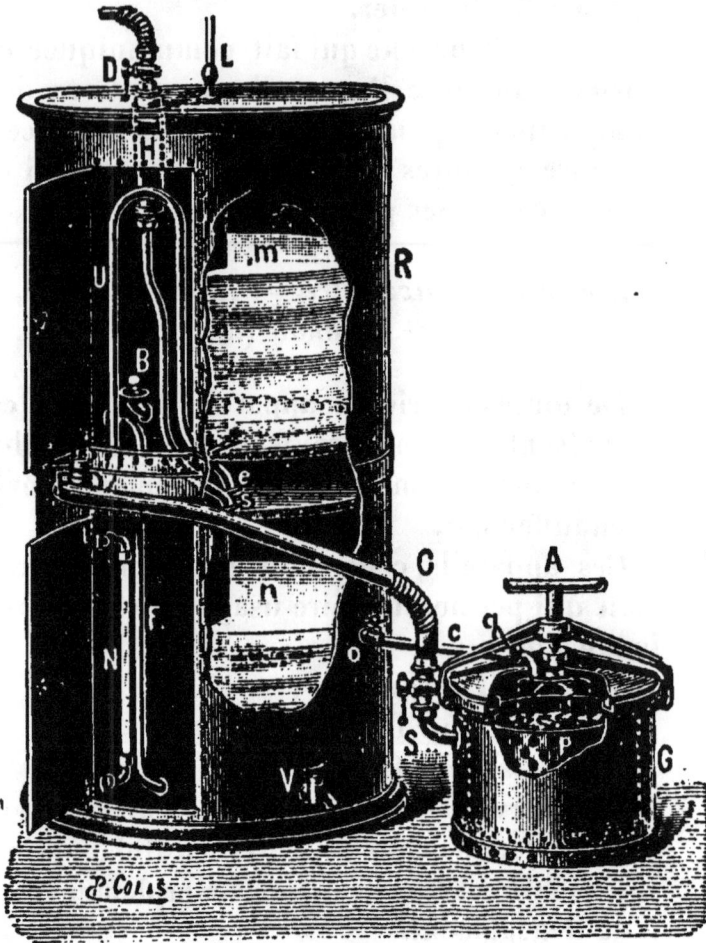

Fig. 69.

Lorsque l'eau, arrivant par le tube de communi-
tion, *c*, monte dans le réservoir *u* et atteint le niveau
du tube *e*, elle s'écoule sur le carbure et donne une
production de gaz qui la maintient à un certain
niveau et arrête ainsi la production, ou bien donne

une quantité d'eau suffisante pour une production abondante de gaz.

Cet appareil a quelques ressemblances avec l'appareil Holliday. Toutefois, la surproduction est presque impossible, car la quantité d'eau qui tombe sur le carbure est complètement décomposée et ne peut continuer à donner du gaz.

En second lieu, l'échauffement est faible, étant donné l'agissement du panier P.

Appareils à chute.

Il commence à exister quelques appareils à chute de carbure dans l'eau.

Dans la préface de cet ouvrage, M. Moissan a appelé l'attention des constructeurs sur ces appareils.

M. Seguin et l'auteur de ce volume ont cherché à résoudre la question posée par M. Moissan. L'avenir nous apprendra si nous avons complètement réussi.

M. Potin a donné aussi un acétylogène qui est basé sur les mêmes principes et qui, paraît-il, fonctionne très bien.

La chute du carbure dans l'eau évite d'une façon *complète et absolue* les deux gros inconvénients dont nous avons parlé au début de ce chapitre.

En renouvelant l'eau, qui n'est généralement pas très chère, du générateur, on peut faire du gaz à la plus basse température possible, 10, 14, 15, 20° au maximum.

C'est là une condition excellente pour une bonne

fabrication. Le morceau de carbure de calcium qui tombe au fond d'un réservoir plein d'eau se décompose par la surface et par couches ; par conséquent d'une façon relativement lente.

Les bulles, comme le montre la fig. 70, traversent

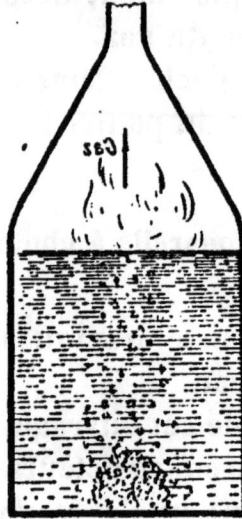

Fig. 70.

une couche importante d'eau froide, et le gaz arrive à la surface presque absolument débarrassé d'impuretés. Cependant la prudence commande toujours une épuration, et une épuration *visible*, autant que possible dans des flacons.

Au point de vue de l'historique des appareils à chute de carbure dans l'eau, le premier qui ait eu l'idée d'employer ce système est M. P. Lequeux, ingénieur distingué, qui a succédé à M. Wiesnegg, le constructeur bien connu.

M. Lequeux qui a construit les fours de M. Moissan et les appareils de M. Bullier, a le premier, don-

né un appareil à chute vraiment original et curieux.

Malheureusement il n'est pas complet et l'automaticité manque absolument.

Nous allons cependant décrire son premier appareil.

Ce sont, du reste, les appareils de M. Lequeux,
ainsi que ceux de la Compagnie générale d'Eclairage Seguin et Cie, Patin, Cousin, etc. qui peuvent
servir à la création, soit d'usines domestiques, soit
d'usines urbaines.

Appareils à production continue mais non automatique.

Ces appareils se composent d'un gazomètre B, à
cloche double, c'est-à-dire disposé de façon à mettre le moins possible de liquide en contact avec le
gaz produit, et éviter ainsi les dissolutions et les
pertes (fig. 71, 72.)

Le générateur E est formé d'un gros tube au fond
duquel se trouve un seau F, destiné à recevoir la
plus grande partie de la chaux formée pendant les
réactions du carbure de calcium sur l'eau.

Le carbure s'introduit par la manche H. Il se
précipite immédiatement dans le seau F et le gaz se
dégage dans la partie supérieure au corps cylindrique E de façon à aboutir sous la cloche du gazomètre par un système de tubes D.

Le générateur E est formé par un couvercle G
disposé avec joint hydraulique simple ou multiple,
suivant la pression que l'on veut obtenir.

Des robinets placés en haut du générateur et en haut de la cloche permettent de purger l'air et d'avoir un gaz parfaitement pur.

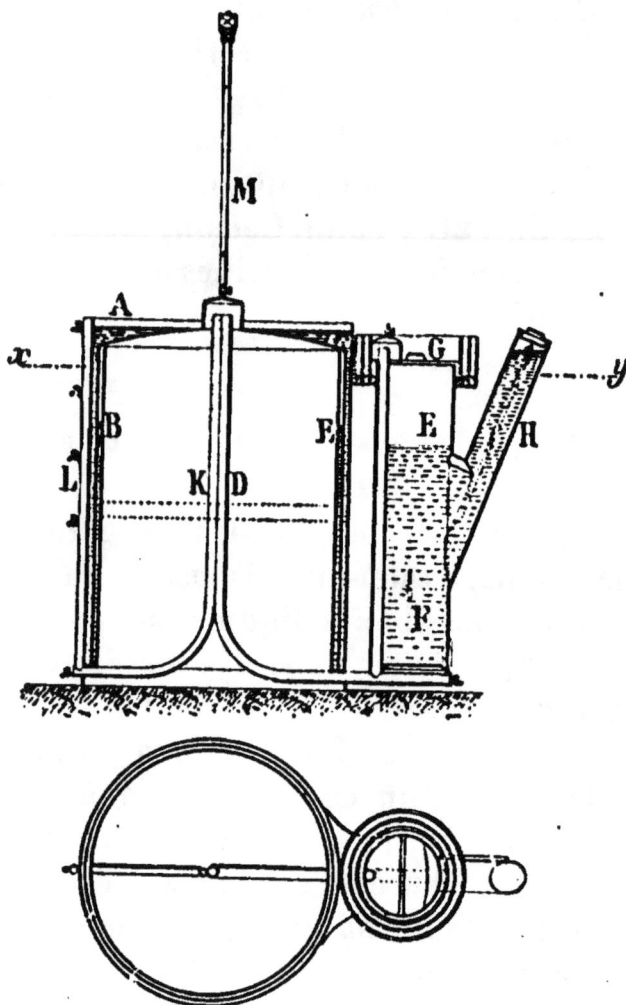

Fig. 72.

Lorsqu'on dispose de morceaux de carbure trop petits, il est pratique d'envelopper ces morceaux dans un petit sac de papier, et d'introduire le tout dans le générateur.

Appareil générateur séparé.

On peut, au moyen de cet appareil, remplir des gazomètres de capacité quelconque (fig. 73).

Il se compose d'un corps cylindrique AB rempli

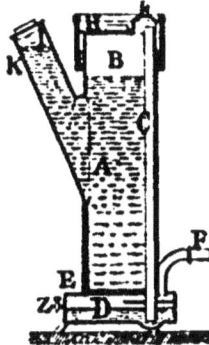

Fig. 73.

d'eau. Ce remplissage se fait après avoir retiré le couvercle H formant joint étanche hydraulique; puis on ferme le couvercle H; on a eu soin de remplir d'eau la rainure comprise entre le corps cylindrique et l'évasement supérieur.

Le carbure de calcium en morceaux ou en cartouches est précipité par la manche K et tombe dans le seau placé à la partie inférieure du corps cylindrique.

La réaction se produit; le niveau baisse dans le réservoir B pendant qu'il s'élève et même déborde dans la manche K; l'équilibre une fois établi, il n'y a plus à s'inquiéter du niveau qui doit remonter à chaque introduction du carbure jusqu'au tube I.

Une des particularités de cet appareil consiste dans la caisse inférieure D, que l'on remplit d'eau jusqu'au niveau du robinet Z.

Le gaz, au fur et à mesure de sa production, descend par le tube C et vient barbotter sous l'eau de cette caisse D, où il se débarrasse des particules solides entraînées, mais ce n'est pas là l'unique avantage de cette caisse. Elle forme joint hydraulique entre le générateur et le gazomètre qui est mis en relation avec la tabulure F.

Appareil à chute automatique de carbure de calcium dans l'eau.

L'appareil que nous avons étudié avec M. Seguin, rentre bien dans les conditions du problème énoncé par M. Moissan.

Le carbure de calcium dosé exactement, placé dans des compartiments fermés, tombe dans l'eau pour remplir un gazomètre, dont le volume est d'un tiers *supérieur* à celui que le carbure dosé peut dégager (fig. 74, 75).

Quand ce gazomètre est arrivé au bas de sa course, un mécanisme fait tomber la contenance d'un second casier dans le générateur ; le gazomètre remonte et ainsi de suite.

La construction de ce genre d'appareils demande à être soignée.

Je ferai remarquer d'ailleurs à ce sujet, que dans une question aussi importante et aussi délicate que celle de l'éclairage par le gaz acétylène, on ne

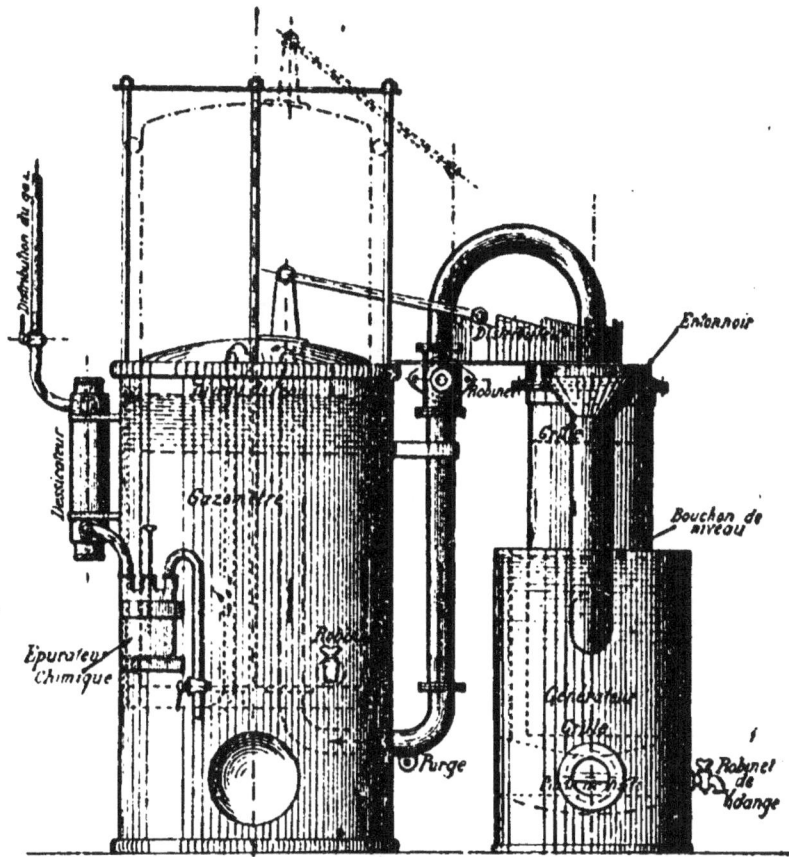

Fig. 74.

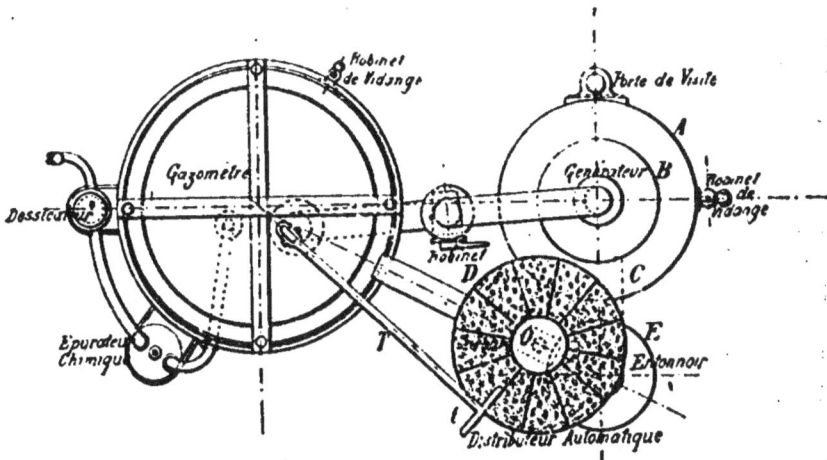

Fig. 75.

saurait trop apporter tous ses soins à la perfection dans la construction d'appareils servant à l'éclairage domestique, et destinés à remplir des buts très importants de sécurité et de facilité de maniement.

De plus, il faut ne faire débiter à la cloche gazométrique, qu'une quantité de gaz, telle que la fabrication du gaz, qui est d'ailleurs rapide, relativement à la dépense, soit assez prompte pour permettre à la cloche de se relever et de pouvoir agir sur un nouveau casier.

L'appareil comprend quatre parties principales : (fig. 68, 69).

1º Générateur ;

2º Distributeur automatique ;

3º Gazomètre ;

4º Epurateurs.

Générateur :

Il se compose d'un appareil dans le genre de celui de M. Lequeux.

Il en diffère en ce sens qu'il se compose de deux enveloppes concentriques AB (fig. 69), traversées par un tube C terminé en entonnoir, percé de trous dans la partie annulaire AB. L'eau peut ainsi circuler librement.

On remplit le réservoir A d'eau jusqu'en H, et elle monte dans le réservoir B et dans le tuyau C.

La partie inférieure de B se compose d'une grille sur laquelle tombe le carbure et où il se délite ; les résidus tombent au fond par le robinet de vidange et l'entonnoir, l'eau est renouvelée constamment.

Au moment où le carbure tombe dans le générateur, l'eau est immédiatement refoulée dans la manche C, par suite des pressions qui naissent en H ; le niveau s'abaisse dans B jusqu'à ce que l'équilibre de pression soit établi avec le gazomètre ; cela, une fois pour toutes.

Le gaz se rend au gazomètre par le tube F.

Distributeur automatique :

Un disque circulaire D peut tourner autour de O ; ce disque porte des casiers, munis de volets, qui s'ouvrent au moment du passage au-dessus de l'entonnoir ; la charge tombe et donne du gaz pour remplir la cloche.

Gazomètre :

Le gazomètre porte une tige T munie d'un taquet t, qui, à la descente de ce dernier, et au moment où il arrive à la partie basse dans la deuxième position en traits pleins, pousse le distributeur et le fait avancer d'un casier.

On peut avoir des casiers et des gazomètres de toutes dimensions.

Épurateurs :

Le gaz à la sortie du gazomètre, passe dans un premier épurateur à flacon, contenant de la glycérine mélangée avec de la soude en solution concentrée.

Un barbotage énergique a lieu (*le lavage s'est fait dans le générateur*), le gaz passe ensuite dans un épurateur dessiccateur, contenant le chlorure de calcium (ou ponce sulfurique) et de l'oxyde de fer (mélange Laming des usines à gaz).

On élimine ainsi toute trace d'impureté, et le gaz sort de cet appareil, n'ayant plus aucune odeur désagréable, et d'une pureté chimique absolue.

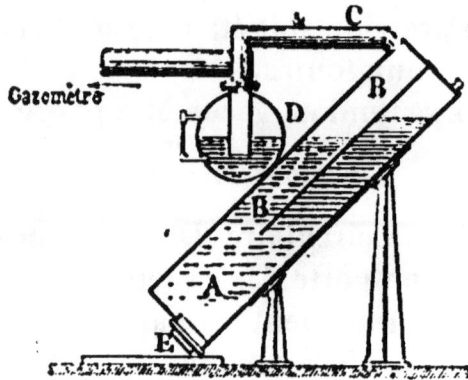

Fig. 76.

On comprend aisément qu'il est facile de constituer après ce que l'on vient de lire, les usines domestiques.

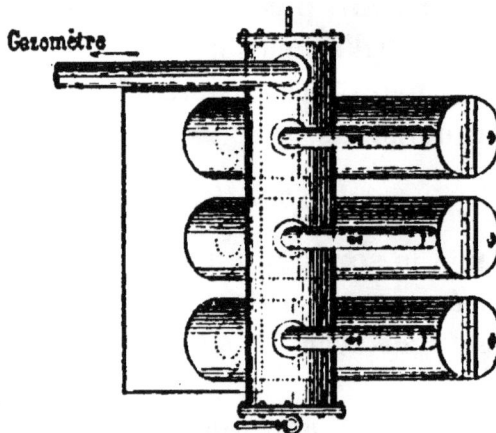

Fig. 77.

M. Lequeux a donné une petite usine domestique, dont nous reproduisons le dessin (Fig. 76, 77).

On peut comprendre ainsi, une batterie de 2, 4 ou 6 générateurs, suivis de condenseurs et épurateurs, puis des gazomètres, enfin, de régulateurs de pression à la sortie de l'usine à gaz acétylène.

Toutes les conduites de l'usine devront être quinze fois plus petites que celles des usines à gaz de houille, et leurs dimensions superficielles, quinze fois moindres aussi ; on peut voir l'économie de première installation et d'amortissement que l'on réaliserait du fait de création d'usines de ce genre.

Usine domestique Lequeux.

Le carbure de calcium est introduit au moyen de cuillers ou de boîtes de chargement dans l'ouverture pratiquée à la partie supérieure du cylindre incliné. Il tombe en A, et le gaz, remontant dans la partie BB, arrive au barillet D pour être conduit dans l'épurateur, etc.

Le nettoyage de chaque générateur est indépendant de son voisin, les communications se trouvant fermées hydrauliquement.

FIN

TABLE DES MATIÈRES

Laval, imp. et stér. E. JAMIN, 8, rue Ricordaine.

La librairie P. VICQ-DUNOD et Cie se charge de la fourniture de tous les livres français et étrangers.

Envoi franco du catalogue complet sur demande.

Laval. — Imp. et stér. E. JAMIN, 8, rue Ricordaine.

www.ingramcontent.com/pod-product-compliance
Lightning Source LLC
Chambersburg PA
CBHW060358200326
41518CB00009B/1189